发现夜行动物

[德] 芭尔贝尔·奥弗特林　文
[德] 托马斯·米勒　图
荆　妮　译　王　宏　审译

科学普及出版社
·北京·

喂！大家好，我叫芬尼！

　　我喜欢到大自然中去研究和发现，很开心，你也能加入我的探索之旅。你知道什么叫做探索吗？探索就是到野外去考察，发现大自然中的奥秘，体验意想不到的经历。也许有一天你能成为动植物专家，自己开展研究工作呢！

发现夜行动物

　　当夜幕降临时，许多动物都回到藏身之处安歇了，但黑夜绝不像看上去那样沉寂：白天蒙头大睡的刺猬、蝙蝠、猫头鹰、夜蛾和许多其他动物，现在都睡醒了。就像是在春天的清晨，鸟儿们在太阳升起之前就醒来了，用动听的歌声唱着早安；夜行动物们也正邀请你去发现它们的世界。在田野、草甸、森林甚至你的住宅周边，都活跃着哪些夜行动物呢？本书将会告诉你答案。好了，祝你在发现夜行动物的旅行中玩得愉快！

探索小贴士！

　　如果在阅读时发现生词，请查阅书后面的体验中遇见的重要概念（94页）。在那里，所有的生词都附有详细的讲解。

目录

做个夜行观察家

当白昼渐逝，太阳消失在地平线后面时，那些你在白天可以观察到的动物们，就纷纷回到藏身之处，在巢穴里安睡到第二天早晨。但不是所有的动物都在夜间休息：现在夜蛾、萤火虫、猫头鹰、蝙蝠、刺猬等白天蛰伏的动物都睡醒了。这些夜行动物用它们发出的奇特声响填补了黑夜的寂静，邀请你走进奇异的发现之旅。

在黑暗中上路

观察夜行动物，不一定非得去野外，因为很多动物就生活在你的住宅周围：家蝙蝠在夏天喜欢绕着明亮的街灯飞行，十字园蛛在黄昏时埋伏在网中央，刺猬在路边的灌木丛中窸窣跑过，肥睡鼠和石貂在屋顶的房梁上"跑起了火车"。有时会有一只夜蛾，俗称扑棱蛾子，误撞进你的房间，然后被你小心翼翼地"请"出去。有这么多昼伏夜出的动物，你的身边总是充满生机。

你知道吗？

一夜有多长？

在赤道附近，一夜是12小时，且全年如此。而在北极和南极，黑夜可长达半年。德国只有每年3月的春分和9月的秋分这两天，一夜正好是12小时，夏季昼长夜短，冬季昼短夜长。

为什么你睡觉了，有些动物却醒着？

　　想必你已经有过这样的疑问。我们人类的生活模式是白天活动，夜间休息。对于我们来说，夜间保持清醒是相当困难的，除非是出于职业的要求。一些动物则恰恰相反，在天黑以后才开始活跃。因为它们不能耐受阳光直射，跟我们有着不同的生物节律。一些动物具备了夜间活动的习性，是为了不受干扰地吃树叶、果实和青草，或是因为此时它们的敌人在睡觉。

什么是夜行动物？

　　不仅夜蛾、萤火虫、蚊子、青蛙和蝾螈等低等动物属于夜行动物，许多哺乳动物，包括狍、马鹿、野猪、狐狸、獾、老鼠、刺猬、蝙蝠、狼、熊、猫等，也是在夜间寻找食物或配偶。这些哺乳动物在进化早期就形成了夜行的习性，因为它们起源于恐龙时代就存在的巨带齿兽、古猬兽等小型哺乳动物。这些小型哺乳动物昼伏夜出，在庞大的恐龙睡觉时才出来活动。靠着温血的躯体和发达的视觉器官，它们很好地适应了夜行生活。因此今天的许多哺乳动物都保留了它们祖先的夜行习性。

探索小贴士！

轻松识别夜行动物

　　夜行动物必须具备与昼行性动物完全不同的感官。光线越暗，视物就越模糊，因此许多在黑暗中活动的动物都有一双特别大的眼睛，以使尽可能多的光线到达视网膜。你肯定注意过猫和其他一些夜行动物的眼睛在夜晚会闪闪发亮，这是因为它们的眼睛生有一层特别的反光膜。所有生有这种反光膜的动物都是夜行动物。

灵敏的感官

　　除眼睛外，夜行动物还依赖其他一些感觉器官：夜蛾有一对大触角，具有强大的嗅觉功能；猫头鹰、老鼠和蝙蝠有特别敏锐的听觉，能够捕捉到极细微的声响；猫、狐狸等一些动物的面部生有长长的敏感触须，能用来感知身边的环境。

全副武装，准备出发

　　夜间去户外观察动物，你不需要带太多东西。即使在温暖的夏季，晚上也尽量穿得暖一点，因为夜间的气温下降得很快。最好穿一双结实的旅行鞋和结实耐磨的应季服装。为避免你的四肢被低矮灌木刮伤，或是被草丛中的蜱虫叮咬，应穿着长袖上衣和长裤。

　　在户外活动，难免饥渴。所以要带上一些食物和饮用水（天冷的时候可带热茶）。如果你的旅程因为受饥饿和口渴折磨而不得不提前中断，该是多么遗憾的一件事啊！夜间不要单独外出，一定要和你的父母或朋友一起。事先一定要告知家人：你们打算去哪，什么时候回来。

探索小贴士！

夜行观察家携带物品清单

你需要为夜间探索活动准备以下物品：

- 装有饮用水和食物的背包
- 装垃圾的塑料袋
- 逢下雨天带一件雨衣
- 手电筒或应急灯
- 有条件的话带一张能发荧光的星空图和一块夜光表
- 在春天的黎明去观察鸟儿时，可带上mp3或手机，以录下鸟儿的鸣叫声

春天最值得期待的活动：在黎明时分观察鸟儿

如果你喜欢研究鸟类，那么在春天的早晨，一定要在太阳升起之前从被窝里爬起来哟。从3月到6月，你可以在黎明时分听到大部分鸟儿的歌声。鸟儿们的清晨奏鸣曲并非同时奏响，而是一个接一个地开始歌唱。早在太阳升起之前就开始叽叽喳喳歌唱的鸟儿包括：红尾鸲、欧鸲、乌鸫、鸫鹩、杜鹃、大山雀、棕柳莺、苍头燕雀和麻雀。

冬季的夜晚做些什么？

在冬季的夜晚去野外观察动物是没有意义的，因为它们大多进入冬歇或冬眠状态了。但此时是观察星座的最好季节：因为冬季的星空是全年最亮最耀眼的。冬夜外出观察星座时，一定要穿上防寒的衣服和鞋子，并戴上帽子、围巾和手套。

在黑暗中认清方向

在夜间，四周的环境看起来跟白天有些不同，即使你生活在大城市里，也能感觉到这一点。为了确保你和同伴们在夜间旅行之后还能安全地回到家，你们必须在黑暗中始终清楚自己在哪儿。在黑夜里，正确地辨别方向是非常重要的。如果你们不能确定方向，那么立刻中断旅行。不用担心，动物们都是有一定生活习惯的，下次你多半可以在同一个地方遇到它们。

探索小贴士！

黄昏就出发

因为许多夜行动物在黄昏时就开始活动了，你可不能等到深更半夜才出发哟。只要太阳一落山，你就可以开始观察啦。

第一次夜间探索

你的第一次夜间探索（当然不是独自一人），最好在安全可靠的环境里进行，比如在花园里，这样你始终清楚自己在哪儿，不会迷失方向。借助地图，找出一个比较大的地区，然后确定好去那里的路线。在所有的地图上，北都是在上方。白天你很容易找到哪里是北。中午时分，太阳高高挂在天空的那个方向就是南，转过身来背向太阳，你就面朝北方了。但是当太阳下山以后，你该怎样找到北呢？

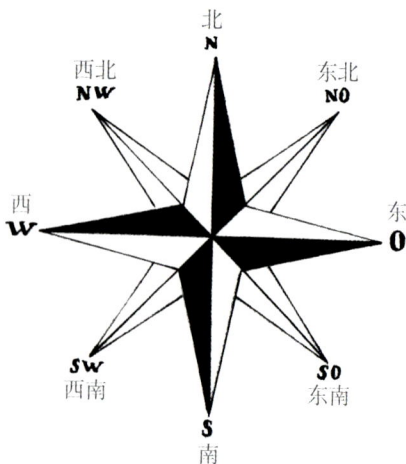

星星指北

在晴朗无云的夜晚，天空中闪烁着数不清的星星。北极星正好位于正北方。想找到北极星的话，你得先找到大熊星座的北斗七星。在北斗七星勺体部位的后两颗星之间假想一条连线，将这条线延长五倍，你就看到一颗中等亮度的星星：这颗星看上去很孤立，因为它处在星星较少的天区——这就是北极星。从北极星向地平线引一条垂线，你就找到正北方了。

在秋季，你有可能看不到大熊座，因为此时它靠近地平线，一部分星星会被树木和高楼挡住。这时你可以依靠仙后座来定位北极星。仙后座在秋季看起来像一个大写的字母M，M中间的尖角正好指向北极星。

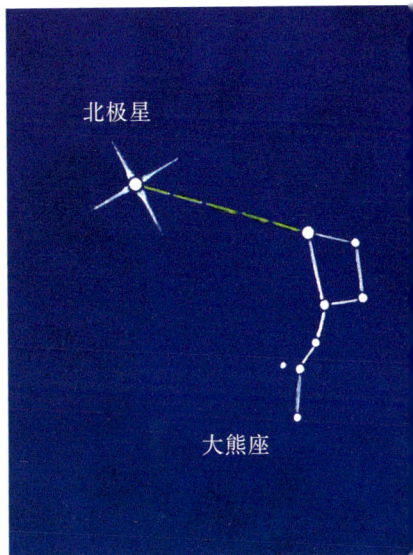

北极星

大熊座

在森林里辨别方向

即使在晴朗的夜晚，你在森林里也难以看到完整的星空图。此时树木可以给你一点帮助：因为德国的气候主要受西风带影响，树木向西一侧总是接受更多雨水的滋润，因此树干朝西的一侧往往更湿润且长满苔藓。你在黑暗中可以触摸到树干上这些柔软的植被。找到它以后，摸着被苔藓覆盖的树干向左侧转四分之一个周长，此时你的手指所在的位置就是北了。

夜间体验

　　所有的东西在夜间都是灰色的，至少对我们人类来说是这样，因为我们的眼睛在黑暗中无法辨别颜色。不过对于夜行动物来说，黑夜里的生活仍然是丰富多彩的，只是与你所熟悉的白天完全不同。如果你敢于在天黑以后到野外去，便可以感受到另一个全新的大自然：蝙蝠绕着灌木和矮树丛飞翔，刺猬在地面的干树叶中窸窣奔跑，远处响起猫头鹰的叫声。所有这些奇妙的经历，你都可以亲身体验。

探索小贴士！

当夜晚成为白天

　　许多动物园都建有夜行动物房。在昼夜变化与外界环境相反的夜行动物房里，你不但可以看到本土的夜行动物，还能认识许多来自地球上其他地方的动物（见89页）。

夜间探索年历

　　某些夜间观察活动整年都可以进行，但大部分只能在某些特定月份进行。例如鸟儿只在春天的黎明歌唱，马鹿只在秋季寻找配偶。

冬 季

· 可以听到灰林鸮响亮的叫声

2月～3月

· 青蛙和蟾蜍迁移到产卵水域交配和产卵

从冬末到初夏

· 鸟儿绕着巢穴，用独特的歌声宣示自己的领地
· 5月份可以看到金龟子在林中飞行
· 6月份可以看到六月金龟子在林中飞行

夏 季

· 可以听到猫头鹰的叫声
· 蝙蝠悄无声息地捕捉昆虫
· 闪烁的萤火虫或上下翻飞，或伏在草丛中
· 刺猬四处搜寻蠕虫和蜗牛
· 飞蛾扑火
· 步甲虫捕食
· 斑蝾在阴雨天外出捕食

秋 季

· 在森林中可以听到马鹿响亮的鸣叫，表明它们开始进入交配期了

从花园到草甸，从城市到村庄

不论你住在乡村、集镇还是大中城市，在你的居住环境中都有街道、花园、公园和绿化带，或是被农田和草甸环绕。生物学家称这些由人类建设的自然空间为开垦地。在这一部分，你将会认识生活在这个变化多端的自然空间里的各种夜行动物。

许多曾经生活在森林和草原地带的野生动物也进入了乡村和城市，其中包括许多夜行动物，如刺猬、家蝙蝠和石貂，它们就生活在人类身边。如果运气好的话，你只需在黄昏时站在自家窗口，就能观察它们了。

你知道吗？

环境发生了怎样的变化？

在过去的50年里，我们周边的环境发生了很大的变化，许多小块田地整合成了大农田，中间几乎没有灌木带或是沿路生长的野生植物。碎石土路被柏油路面取代，新建的集镇在田野和草原地带不断扩展。这些改变对于德国的野生动物和植物并非没有影响：你的祖父母在孩提时代可以见到的许多动植物，今天已经非常少见了，其中就有许多夜行动物，如萤火虫和金龟子。尽管如此，黑夜里仍然有相当多的动物等待你去认识和发现。

发现夜行动物

　　观察本地的夜行动物，不一定非要到户外夜游。躺在床上或是站在窗口，你就能听到猫头鹰、青蛙的响亮叫声或是蚊子的嗡嗡声。在清晨，你还能发现一些夜行动物留下的痕迹。

夜行动物的痕迹

　　在夏令时节，如果你在草坪、花园小径或是露台上发现黑色的干粪条，那么一定有刺猬在夜间来过了。有时你在粪便中甚至还能辨认出没有被刺猬消化掉的食物残渣，比如甲壳虫的硬翅盖。在有石貂生活的地方，有时你可以在汽车车身上发现它的足迹，因为它喜欢在倾斜的汽车发动机护盖下面窜跃。那些看上去被丢弃的轮状蛛网也是夜行动物——十字园蛛留下的痕迹：它会告诉你，晚上在什么地方可以观察到这种蜘蛛。

房间里的夜行动物

　　当你准备睡觉的时候，房间里的另一些"居民"开始活动了。在潮湿的浴室和卫生间里，小小的银灰色衣鱼正在四处游走。这种不起眼的原始昆虫以各种垃圾为食，有时也吃糨糊。这种昆虫是无害的。真正有害的是蟑螂。蟑螂喜欢在餐馆、面包店等地方生活，天黑以后，这种怕光的昆虫就从墙壁和家具缝隙等躲藏的地方钻出来。如果你真的发现了蟑螂，一定要马上告诉你的父母。

蟑螂

观察花园里的动物

夏天的夜晚，在你上床睡觉之前，可以去花园来一次小小的发现之旅：蠼虫白天藏在玫瑰花苞或悬在花头下面的巢穴里，此时都钻出来觅食了。对太阳光敏感的蜗牛、以蜗牛为食物的步甲虫以及鼩鼱和刺猬，也开始出来活动了。

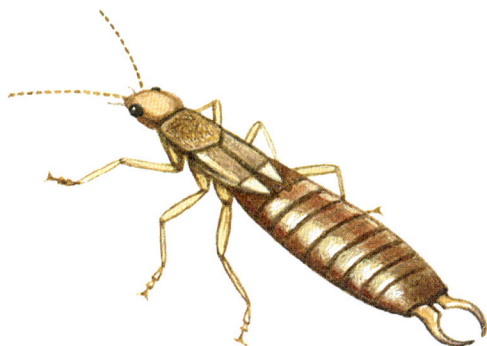

动 物 时 钟

下面这个动物时钟会告诉你，生活在你住宅周围的动物在夏令时节的作息时间。但这个时间始终在变化，因为从春季到夏至，日出时间一天比一天早；而夏至以后日出则逐天变晚。动物并不会看钟表，它们是根据日出日落的变化调节作息时间。此外，大多数动物并不是整夜都醒着，它们多半会在午夜时分小憩片刻。

动物	清醒时间	睡眠时间
蚊子	19：00	05：00
刺猬	19：30	05：30
家蝙蝠	20：30	22：30
	02：30	04：00
睡鼠	21：00	04：30
仓鸮	21：45	05：00
萤火虫	22：00	01：00
鼠耳蝠	22：00	04：30

黎明的鸟儿音乐会

从二三月间到初夏的这一段时间，是鸟儿的孵育期，此时鸟儿们起得很早。鸥鸲、乌鸫、大山雀等鸟儿在太阳升起之前就开始歌唱。如果你想识别各种鸟儿独特的鸣叫声，可以在黎明时分到花园里去。你会发现，鸟儿们的清晨奏鸣曲并非同时奏响，而是一个接一个地开始加入合唱。

当你听到某种鸟儿的鸣叫后，先循着声音，试着把它找出来，然后通过指导手册查出鸟儿的名字；还可以访问网站去看看能不能下载这种鸟儿的鸣叫声。

你知道吗？

午夜的悲鸣

如果你在午夜时分听到某种鸟儿的悲鸣，可以看一下窗外是否有街灯亮着。因为欧鸲有时会被明亮的灯光惊醒，以至过早开始鸣叫。

探索小贴士！

花园里的鸟时钟

如果你对鸟儿的鸣叫声十分熟悉，可以为你的花园设立一个鸟时钟。在5月份，当太阳升起的时间为5：30的时候，鸟时钟听起来是这样的：

4：05 欧鸲

4：10 乌鸫

4：45 大山雀和夜莺

5：05 鹪鹩

5：15 苍头燕雀和麻雀

5：30 绿金翅雀

海滩上的奇景

也许你正好住在海边，或是去海边度假，那么一定不能错过海边夜游的机会哦。在盛夏季节，挑一个没有月亮的夜晚，在退潮时和你的父母一起到海滩去吧。海浪所到之处，沙地被海水完全浸湿。当四周一片黑暗时，在沙地上蹦跳几下，然后观察一下你双脚落地的地方：在潮湿、坚实的沙地上，有一些小光点在闪烁——这是一些会发光的微小海藻，其发光原理与萤火虫相同（见42页）。

刺 猬

刺猬在花草灌木密集、植被丰富的地方随处可见，在那里它们可以找到大量的甲虫和昆虫幼虫作为食物。白天刺猬躲在厚厚的草丛中或石头、树枝堆成的洞穴里睡觉，黄昏时分才开始外出活动。

概述

- **体型：** 身长24～30厘米，体重800～1500克
- **食物：** 各种昆虫及其幼虫，蚯蚓，蜘蛛，蜈蚣，有时也吃蜗牛和鸟蛋
- **特点：** 单独生活，每年11月上或中旬至次年3月底或4月中旬冬眠，寿命可达8年

响亮的吃食声泄露了刺猬的行踪

你在很远的地方就能听到一只蹿来蹿去的刺猬发出的声响。当你看到它从灌木丛中探头探脑时，一定会感到吃惊，这么个小家伙怎会闹出如此大的动静。当刺猬捉到一只步甲虫或一只肥大的毛虫时，就开始吧叽吧叽地狼吞虎咽。刺猬能发出这么大的响动，可能是因为它披了一身尖利的棘刺。一旦遇到危险，刺猬就迅速团成一个圆球，它的棘刺可以保护它免遭獾、雕鸮等天敌的侵袭。但是刺猬的甲胄不能使它幸免于车祸：每年都有成百上千只刺猬被汽车轧死。

保护刺猬免遭车祸

如果我们在开车时当心一点的话，就可以使许多刺猬免于丧生车轮之下。刺猬通常在黎明、黄昏以及午夜时分出来活动，此时在开车经过村庄、集镇、花园别墅附近的街道以及树林边的公路时，一定要小心刺猬。对每个司机来说，要做到谨慎、慢行。刺猬总是单独行动，因此你不难避开它：
· 如果它团成一个球，司机可以用骑越的方法安全驶过。
· 如果它快速穿过街道，就轻打方向盘绕过它。

你知道吗？

刺猬的甲胄

刺猬宝宝在每年八九月间出生，刚出生时重约15～20克。初生刺猬的棘刺只有100根左右，非常柔软，这样可以使刺猬妈妈不被刺伤。成年刺猬的甲胄大约由6000～8000根棘刺组成。这些棘刺是变异的毛发，像人的头发一样，可以不断脱落、再生。

21

刺猬的"小吃店"

在早春和秋季，刺猬常常找不到足够的食物，而此时是它们最需要营养的时候：因为它们刚刚从冬眠中醒来，身体极度消瘦；或是需要储存厚厚的脂肪层，为过冬做准备。因此你可以在每年的3月底至5月中，以及9月中至10月底，为刺猬准备一些小点心。刺猬不是素食者，所以最好给它们准备一些罐头猫粮，再与一些干粮、面粉和燕麦片混在一起，在猫粮中还可搅入一些不加盐和调料的炒蛋。为防止家猫偷吃刺猬的粮食，可以在食盆上放一块用锡纸包裹的木板。别忘了还要准备一只盛满清水的碗哟！

探索小贴士！

刺猬也会口渴

炎热的夏季干旱少雨，刺猬也会感到口渴，因此在夏天你可以每天为刺猬提供一盆饮用水。宠物鸟用的饮水槽就很适合刺猬，你在园艺中心和宠物商店都可以买到。刺猬一旦发现了饮水槽，就会经常来喝水。这样你就可以在白天观察鸟儿，在晚上观察刺猬了。

刺猬冬眠的巢穴

在秋季刺猬开始为过冬筑巢。它们在灌木丛里选好一块地方，用嘴巴叼来落叶和枯草，把这些"建筑材料"堆成一堆，在里面团成一个球进入冬眠。如果你想帮助刺猬过冬，那就留着花园里的落叶，还可以给它们准备一些柴堆或肥料堆，等到第二年4月以后再清走。不要唤醒冬眠中的刺猬，因为它可能会因不必要的脂肪消耗而死掉。

你知道吗？

吵闹的交配

刺猬通常在6月的夜间交配。它们在交配时会发出古怪的噪声，甚至会让人以为有贼闯进了自家的花园而报警。当刺猬感觉受到威胁时，会发出小火车一样的突突轰鸣声。

蝙 蝠

不要对蝙蝠感到害怕，德国的蝙蝠是完全无害的。吸血蝙蝠只生活在中南美洲，且人类一般不是它们的吸血对象。

德国的蝙蝠都以昆虫为食，它们捕捉猎物的方法巧妙得令人吃惊。蝙蝠能够发出一系列我们人耳听不到的叫声，它高度灵敏的耳朵可以接收被障碍物或猎物反射回来的声波，从而通过听觉构建出周围环境的完整图像。生物学家把这种功能称为回声定位。如果你能拿到一个蝙蝠探测器（比如从网上购买），就可以听到蝙蝠发出的超声了。

概述
- **体型：** 身长5厘米，翼展可达25厘米，体重4～8克
- **食物：** 飞虫，主要是蚊子
- **特点：** 在乡村和城市都可生活。夏季白天栖息在建筑物的狭窄缝隙里，冬季躲在房屋的外墙后面或岩石、墙壁的缝隙里冬眠

图片来源：wikipedia.de，Mnolf

观察家蝙蝠

探索小贴士！

家蝙蝠在夜晚离开巢穴之前，会叽叽喳喳地叫上一阵子。这种叫声我们人类也能听到，你可以留心一下。蝙蝠发出的一部分用于定位和寻找猎物的超声波，以及响亮的报警信号，也可以被人耳听到。

你知道吗？

盲 飞

就像你在自己的房间里，即使在黑夜里也能自动绕过桌椅等障碍物找到房门一样，蝙蝠也具有这样的本领。当蝙蝠记住花园里一棵树木的位置以后，便会绕着它盲飞，即便在树木被砍掉很久以后还是这样。但在另一种情况下，蝙蝠这种盲辨方向的本领会给它们带来灾祸：如果蝙蝠把一条街误认作没有树木的平地，它在穿越街道时便不会打开回声定位系统，结果往往是一头撞到过往汽车的前挡风玻璃上。

鼠耳蝠

身长8厘米、体重达40克的鼠耳蝠是德国体型最大的蝙蝠。一只展翅的鼠耳蝠可不会被你轻松地塞进一只烟盒，因为它的翼展可以达到45厘米。鼠耳蝠最喜欢捕捉地上的甲虫，夏季它喜欢住在热烘烘的屋顶的梁架和教堂钟楼上，这些地方经年累月

会积满厚厚一层黑色的蝙蝠粪便。在第一次寒潮到来之前，鼠耳蝠便飞往凉爽的洞穴，倒挂在洞顶进入冬眠。

山 蝠

山蝠可以疾速飞过树冠，捕捉夜蛾和一些大飞虫。由于秋季时山蝠在白天也会出来捕食，你可能会把它误认作楼燕（一种鸟）。不过你要知道，楼燕在每年8月底就已经离开德国，飞往非洲越冬了。所以如果你在9月或更晚的时节看到有形似楼燕的动物从空中飞过，那一定就是山蝠了。

探索小贴士！

蝙蝠之夜

欧洲有个一年一度的蝙蝠之夜，人们在这一天会举办许多活动和庆典，你也可以去参加哟。有关蝙蝠之夜的确切日期和更多信息，可以从这个网址获得：www.nabu.de/batnight。

"钓"蝙蝠

探索小贴士！

蝙蝠不会从你的手里找食，但是你可以用一些夜间散发香气的花朵来吸引蝙蝠的猎物上钩。香忍冬、紫花南芥、白色和红色剪秋罗、肥皂草、菊苣、头巾百合、一年生紫罗兰等植物的花朵对夜蛾尤其有吸引力。这样你就能引来蝙蝠了：哪里有夜蛾，蝙蝠就会在哪里出现。

水鼠耳蝠

你在夜间可以看到水鼠耳蝠紧贴着河、湖、池塘的水面捕食。为了捕获到猎物，它可是用尽了办法：水鼠耳蝠捕捉夜蛾和小飞虫不光靠嘴，它的翼膜和尾巴还能形成一个抄网。如果有一条小鱼紧贴着水面游动，也会被它用后爪和尾翼膜捞进"网"中。

石　貂

概述
- **体型：** 与家猫相仿
- **食物：** 老鼠，昆虫，蚯蚓，雏鸟，鸟蛋，夏季主要吃果实
- **特点：** 适应能力极强，能生活在人类居住区，包括大城市；胸前长有一片雪白色的毛

石貂这个捣蛋鬼的名声可不怎么好：它们经常会钻进余温尚存的汽车发动机护盖里玩耍，有时还咬断塑料包裹的缆线。对于人们来说，这实在不是一件有趣的事。因此人们想办法设立了各种效果不一的保护措施，以尽力防止石貂靠近汽车。

与它那胆小的、住在森林里的"兄弟"紫貂（见64页）不同，石貂喜欢生活在人类的住宅区。白天裹着它那雪白的小"围嘴儿"躲在洞穴里睡觉，天黑以后才出来觅食。石貂不冬眠，因此你整年都能看到它，或是看到它在雪地里、汽车外壳上留下的足迹。

你可以尝试用下列方法，使石貂远离汽车

有些石貂似乎是被某种塑料混合物的气味所吸引，另一些可能是察觉到汽车发动机的护盖下藏着它的同类而要把对方赶走。不管石貂为何对汽车感兴趣，你总有一些办法使它远离你的汽车：

- 在余温尚存的发动机护盖上滴上薰衣草油
- 在发动机箱里放一只塞满狗毛的尼龙袜
- 在发动机箱里设一道"电篱笆"，用弱电流把试图闯入的石貂挡住
- 把汽车前轮用铁丝罩网罩起来，罩网的高度要达到汽车座椅的位置

如果汽车已被石貂损坏，需要对发动机进行清洗，以除去石貂留下的气味。

探索小贴士！

吵闹的邻居

如果半夜里你头顶的阁楼地板上传来很大的响动，很可能在那里住着一只石貂。石貂喜欢住在阁楼、仓库或工具棚里，在6月至7月的交配期，它们发出的轰隆声尤其明显，但在交配期过后便回归平静。石貂是单独生活的动物，一旦完成交配，它们就会把其他同类驱逐出自己的领地。等到第二年春天，小石貂把阁楼当作游乐场的时候，你会再次听到屋梁上传来的噪声。

肥睡鼠

肥睡鼠

肥睡鼠看上去像小小的灰松鼠，但它们只在黄昏和夜间才出来活动。此时你可以听到这个吵闹的家伙发出的各种奇怪声响：唧唧，吱吱，嘘嘘，嗡嗡。这种长着一对大眼睛的可爱的小动物之所以得名睡鼠，是因为它们有着超长的冬眠期。

概述

- **体型：** 大约是松鼠的一半
- **食物：** 树木果实和浆果，幼芽，树皮，树叶和嫩枝
- **特点：** 在花园里也可见，喜欢用人工巢箱做窝

七个月的睡眠

与刺猬和蝙蝠一样，肥睡鼠在冬天也找不到足够的食物，因此它在每年九十月间就躲到防寒的洞穴里开始冬眠，冬眠期长达七个月。

肥睡鼠在冬眠中仅仅靠夏秋季节积累起来的脂肪层维持生命。为了维持足够过冬的能量，肥睡鼠的体温会大幅降低以至摸上去全身冰冷。同时它的心律也会减慢，呼吸次数减少。

当三四月间外界气温明显回暖时，肥睡鼠才会从冬眠中醒来，然后饥肠辘辘地出来觅食了。

肥睡鼠的近亲

　　除肥睡鼠外，德国还生活着一些其他种类的睡鼠。园睡鼠和林睡鼠是肥睡鼠的变种。在某些地方，园睡鼠整年生活在人们堆满粮食的谷仓里；林睡鼠始终生活在森林中。娇小玲珑的榛睡鼠也是睡鼠家族的一员，是德国体型最小的一种睡鼠，它主要生活在森林里，用干草和落叶在灌木丛或小树的顶上搭建球形的巢。所有的睡鼠都只在夜间外出活动，它们非常善于在树上攀爬，很少到地面上来。

"钓"肥睡鼠　　探索小贴士！

　　肥睡鼠在树洞、人工巢箱或阁楼里用干草、树叶和苔藓筑巢，白天躲在巢穴里睡觉。你只要悬挂一个养鸟用的人工巢箱，就可以引来肥睡鼠啦！

老　鼠

　　所有的老鼠都是啮齿类动物，包括大鼠。根据尾巴的长度，生物学家把它们分为短尾鼠（主要是掘地鼠，包括普通田鼠、欧洲棕背鼠及黑田鼠）和长尾鼠，小家鼠、金黄色的森林姬鼠以及令人讨厌的大家鼠都属于长尾鼠。如果你想知道一只老鼠的名称，可以先看一眼它的尾巴。

　　鼩鼱和榛睡鼠并非老鼠。鼩鼱长着长长的嘴巴，身上带有强烈的霉味，和刺猬、鼹鼠一样以昆虫为食。它不吃植物，主要捕食蠕虫、蜘蛛、甲虫和蜗牛。善于攀爬的榛睡鼠也不是老鼠，而是和肥睡鼠（见30页）一样属于睡鼠家族。但所有的老鼠和其他鼠类都有一个共同特征：只在黄昏和夜间外出活动。

不可或缺的老鼠

　　如果没有老鼠，许多动物将难以生存。几乎每一种小型到中型的食肉动物都吃老鼠：如红狐狸、白鼬、黄鼬、猫头鹰、老鹰、白鹳、鹭鸶。甚至许多动物生育幼仔的数目都与老鼠的数量相关：在老鼠较多的年份它们会生育更多后代，老鼠数量太少时则几乎不生育。

森林姬鼠像袋鼠一样跳跃

森林姬鼠并不仅仅生活在森林里，在花园、公园和田野里也可见到它们的身影。你在远处就能认出森林姬鼠：它能用长长的后腿像袋鼠一样跳出几步远，最远可达80厘米，然后停下来，警觉地观察着周围的环境。森林姬鼠在地下打洞筑巢，白天躲在里面睡觉，也会在鸟儿的人工巢箱里安家。它善于攀爬，冬季有时会溜进人类的建筑偷吃粮食。

探索小贴士！

鼠道

某一块草地上是否有老鼠生活，你一眼就能看出来：在有老鼠的地方，你可以看到很多条"鼠道"，因为田鼠在它们的地洞口之间开辟出很多条寸草不生的小道。这些鼠道往往深挖至地下，在夏天有时会被草地上的植物遮盖。如果你悄悄地守在一条鼠道旁边，运气好的话会看到一只小老鼠疾驰而过。田鼠在白天也是相当活跃的。

仓 鸮

　　德国的大多数猫头鹰（见74页），如灰林鸮、长耳鸮等，都生活在森林这样树木繁多的地方。只有浅色的仓鸮是例外：它生活在树木稀少的田野、草甸，经常在乡村地区出现。仓鸮喜欢在教堂钟楼、阁楼或粮仓中孵卵，有时也利用人工巢箱，夜间到附近的田野和草甸捕食老鼠。

概述
- **体型：** 身长与乌鸦相仿，体重300～350克
- **食物：** 主要以老鼠为食，也吃鼩鼱，偶尔吃小鸟
- **特点：** 在乡村中孵卵，在田野和草甸捕食

　　仓鸮不仅仅通过眼睛寻找猎物，与所有的猫头鹰一样，它们能够利用敏锐的听觉发现猎物。猫头鹰飞行时完全无声，因为它翅膀上的羽毛的构造相当特别，这样作为捕猎对象的老鼠就听不到猫头鹰从它身边飞过。然而，猫头鹰却可以敏锐地感知静夜里任何微小的声音，它甚至能听到老鼠在积雪下面奔跑的声音以及在地洞里发出的"吱吱"叫声。

你知道吗？

遍布全球的仓鸮

　　地球上分布最广的鸟类并不是乌鸦或某种小型鸣禽（如麻雀），而是仓鸮。它遍布在除南极洲外的所有大洲。

不同寻常的猫头鹰耳朵

猫头鹰的两只耳朵不在头部的同一高度，因此声音到达其中一只耳朵要比另一只略早。利用这个微小的时间差，猫头鹰就可以准确判断出声音的来源方向。此外，猫头鹰面部特有的羽毛也有助于它的耳朵捕捉任何微小的声音。

探索小贴士！

你们那里有仓鸮吗？

你家附近是否有仓鸮生活，通过它独特的叫声就可以判断：在春季（有时也在夏季），仓鸮会发出"呜–呼–呼"的先是拖着长音，继而戛然而止的叫声。当它突然出现在汽车前灯的光束里时，看上去像一个白色的幽灵。实际上仓鸮只有腹部是浅白色的，背部则呈金褐色。

青　蛙

　　夏天太阳刚一落山，池塘边的青蛙就开始呱呱齐鸣了。蛙类不仅包括池塘里绿色的青蛙，还有褐色的林蛙。它们都是在黄昏和夜间活动，但有时在白天也能看到。

池塘里的青蛙

　　一般情况下生物学家对每一种动物都能进行准确的生物学分类，但对青蛙来说却不那么容易，因为青蛙有许多不同的变种：如池蛙、沼泽蛙、绿蛙，它们看起来都极为相似。所有的青蛙都长年生活在水边，每年春季产下粥状的蛙卵球，不久之后蝌蚪就从里面钻出来。观察蝌蚪是一件非常有趣的事：它们刮食水生植物上细细的藻类，然后一天天变大。长到四周大的蝌蚪开始长出四肢，尾巴越来越短，最后变成小青蛙离开水面。

谁在花园的池塘里鸣叫？

你可以通过鸣叫声区分不同种类的青蛙。沼泽蛙发出"吭吭"的叫声，绿蛙和池蛙则发出"咯咯"声。青蛙在鸣叫时，嘴角两边会鼓出两个浅灰色的声囊，看上去好像嚼口香糖吹出的泡泡。林蛙的叫声只在春天的池塘边才能听到，是一种很轻的"咕咕"声。青蛙的叫声可以非常响，达到甚至超过64分贝，这相当于大街上的噪声强度。人们常常会感到自己被青蛙的响亮叫声所骚扰，因此花园里有青蛙的池塘时常成为引起邻里争吵的缘由。

林 蛙

林蛙是青蛙的褐色近亲。它与青蛙的区别不仅在于颜色，二者生活方式也不同。林蛙只在春季出现在水边，在那里交配产卵。处于交配期的雄蛙从下午一直"咕咕咕"地唱到半夜。交配期达到高潮时，人们甚至整天都能听到雄蛙的鸣叫。交配期一结束，林蛙就离开水域，在剩下的大半年里都在陆地上生活。

受保护的两栖动物

德国所有的两栖动物，包括青蛙、蟾蜍、蝾螈和斑螈，都是受保护动物。因此你不可随意捕捞任何蛙卵、蝌蚪和成年两栖动物放到自家的池塘里。如果你住在一片有两栖动物生活的自然水域附近，并且拥有一个天然池塘，周围有各种植物、石头和树根，且池塘里没有金鱼和锦鲤，那么这些两栖动物可能会自愿搬到你的花园里来。

雨 蛙

尽管雨蛙也是绿色的，但却与绿色的池蛙、沼泽蛙和绿蛙有着很大不同。它必须生活在非常温暖的地方，喜欢趴在高高的树梢上，每年4月间才离开冬眠的地洞或树洞。雨蛙在5月的夜间到水边交配产卵，此时你可以听到它发出的"啪啪"、"咔咔"的叫声。雨蛙在鸣叫时，咽喉部会鼓出一个巨大的声囊，很好辨认。

概述

- **体型**：身长可达5厘米，体重4~9克
- **食物**：蚊子、苍蝇等昆虫
- **特点**：德国体型最小的蛙类；白天喜欢躲在灌木、树木或芦苇丛中

雨蛙在交配结束和产卵以后就离开水域，重新回到树上。借助脚上的吸盘，雨蛙具备高超的爬树本领。树上也经常会传来雨蛙特有的叫声，只要有一只开始鸣叫，立刻有许多只加入进来，仿佛多声部大合唱。雨蛙的寿命相当长，能活15年的雨蛙也并不少见。

你知道吗？

雨蛙不是天气预报员

很久以前，人们喜欢把雨蛙当作预测天气的活工具来使用。雨蛙被放在一只广口瓶里，瓶子里还有一架小梯子。人们认为，当雨蛙坐在梯子上时，说明天气晴好；若坐在瓶底，则预示着坏天气。事实上，这种说法完全是无稽之谈。雨蛙只有在感觉闷热时才会尽量往上爬，因为在瓶口能获得比瓶底更多的氧气。

雨蛙捕食

在自然环境中，雨蛙倒是可以告诉你当前的天气状况：如果天气晴朗干燥，雨蛙就会爬到树上，因为苍蝇和蚊子此时都在高处活动。雨蛙想填饱肚子的话，就得跟着它的猎物一起往高处爬。在阴雨天，飞虫都贴近地面活动了，雨蛙也就到地上来寻找食物了。

夜 蛾

当夜幕降临时，蝴蝶纷纷躲到叶片下或茂密的草丛中开始休息。但此时夜蛾却睡醒了。与蝴蝶一样，夜蛾也是一种蝶类。并不是每一种夜蛾都是灰扑扑的蛾。这个物种丰富的昆虫类群还包括非常漂亮的大夜蝴蝶，你很容易观察到。许多夜蛾的头部都生有发达的分支状的触角，这些触角具有嗅觉功能。在白天活动的蝴蝶靠眼睛寻找花粉和花蜜，夜蛾则主要通过气味来发现食物和配偶。

蜂鸟鹰蛾

如果你在炎热的夏夜看到一只蜂鸟状的动物停在高灌木、阳台或花坛里的花朵上，那么多半是看到了一只蜂鸟鹰蛾。这种肥大的蝴蝶一边在空中发出嗡嗡声，一边用它那长长的虹吸式口器从花萼深处吸吮花蜜。实际上蜂鸟鹰蛾是一种生活在地中海边的蝴蝶。在炎热的夏季，它们也会飞过阿尔卑斯山来到德国，其中一部分甚至会在这里交配产卵。但除了在较为温暖的上莱茵地区，大部分蜂鸟鹰蛾都无法度过寒冷的冬天。

放生夜蛾

在夏天的夜晚，当你的房间里亮着灯且窗户大开时，常会有夜蛾飞进来。如果遇到这种情况，请把飞进你屋里的夜蛾再放出去吧：可以把它小心地放在你的手掌心里或是放大杯里，注意不要捏它的翅膀，以免损伤翅膀上细小的鳞片。

"钓"夜蛾

探索小贴士！

你可以挂一盏灯来吸引夜蛾。在灯后面挂上一块白布，很快就有大堆夜蛾聚集在白布上了，仔细观察一下这些夜蛾，借助指导手册找出它们的名字。你不妨尝试一下，在不同的地点和不同的季节"钓"夜蛾上钩——每次聚集在白布上的夜蛾都是同一种呢还是各不相同？

几种本土夜蛾

舟蛾、棘翅夜蛾和枯叶蛾是德国花园里最常见的几种夜蛾。白腰天蛾长着玫瑰红和橄榄绿相间的翅膀，这种漂亮的夜蛾在月见草的花朵上经常可见。丁目天蚕蛾和樟目天蚕蛾的翅膀上生有眼睛状的斑点，雄性有一对分成多节的大触角。夜间开花的植物需要夜蛾传粉，会释放香气欢迎夜蛾的到来。

你知道吗？

恶心的毛虫

许多蝴蝶和夜蛾的幼虫都是浑身毛刺，这些毛刺可以保护它们不被鸟儿吃掉。因为大部分鸟儿只吃无毛的幼虫。

萤火虫

如果你在夏天的夜晚看到一只萤火虫，那可是一件相当稀罕的事。从前这种会发光的甲虫几乎遍布所有的村庄，如今已经越来越少见了。这种长约1厘米的甲虫后腹部有多个绿色的发光灶，仿佛安在体内的手电筒。

概述
- **身长：** 1厘米
- **食物：** 幼虫以蜗牛为食，成虫不进食
- **特点：** 在炎热的夏夜发光，成虫只能存活几天

萤火虫并非蠕虫，而是一种甲虫。黑色的雄虫看上去与甲虫类似，而白色的雌虫则更接近昆虫幼虫的形状。即使在黑暗中，你也很容易区分雌虫和雄虫：因为只有雄虫会飞，所以那些在空中舞动的小亮点都是雄虫。没有翅膀的雌虫则停留在草丛或低矮灌木丛中，用尾部发出的亮光吸引空中的雄虫前来交配。

你知道吗?

萤火虫这样发光

　　小小的萤火虫身上有一种十分特别的发光器，这些发光器位于后腹部的尾端。雌虫的腹部两侧也有发光器。发光器中的荧光素在荧光素酶的作用下便会发出绿光，生物学家把这种反应称为生物荧光现象。萤火虫发出的光与电灯灯光不同，它是一种冰冷的光。当你把一只萤火虫小心地放在手掌上时，便可以感觉得到。打开手电筒仔细观察一下，就可以看到萤火虫腹部的发光器了。

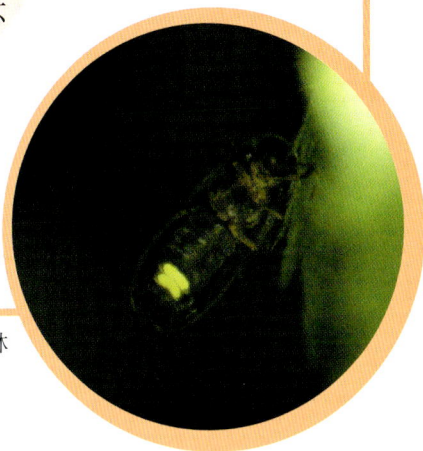

图片来源：www.bjodo.de，伯约尔·杜林

发光的卵

　　雌萤火虫完成交配后，在草丛中产下能发出微光的卵。从虫卵中孵出的潮虫状的暗灰色幼虫也会发光。幼虫以蜗牛为食，发育为成虫以后则不再进食。雄性的成虫只能活几天，在完成交配后很快死掉。雌性成虫的生存时间要略长一些，在产完卵后才死去。

最好的观察季节

　　你只能在6月至8月间看到萤火虫。它们通常在太阳落山后一到两小时开始闪烁发光，不论晴天还是雨天。

金龟子

概述
- **身长：** 2.5厘米
- **食物：** 幼虫啃食植物根茎，成虫吃阔叶树和果木的叶子
- **特点：** 喜欢在黑暗中成群飞行，幼虫（蛴螬）可在地下生活四年

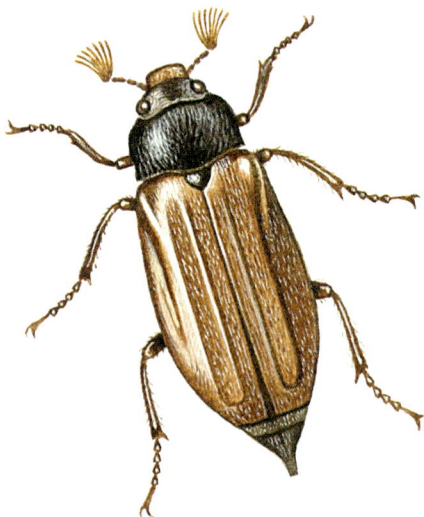

巧克力色的金龟子也叫五月金龟子，因为它一般在每年5月钻出地面，你从5月份开始才能看到它。金龟子一般在黄昏开始外出活动，有时会成群出现。因为它们飞得很慢，所以你能清楚地听到它们发出的嗡嗡声。

从前金龟子被认为是一种害虫，因为它的白色蛆状幼虫在地下啃食树根和植物块茎。在金龟子大量出现的地方，许多植物都会死掉。金龟子的幼虫经过3～4年，发育成为肥大的、长约4.5厘米的蛴螬，然后开始化蛹。蛴螬的个头比成虫还要大，因为幼虫需要吃掉大量食物，以便为蛹化为成虫储备足够的能量。蛴螬经过蛹期发育为成虫，在秋季破蛹而出，但一直在地下潜伏到第二年春天，在5月的夜间才爬出地面。此后它只能活几个星期，在完成交配产卵后就死掉了。

成群为害

当金龟子群集出现时，会造成虫害，因为它们会吃光所有的树木。从前这样的虫害每隔三至四年就会发生一次。如今因为杀虫剂的大量使用，金龟子已经很少见了。

地球上最大的甲虫

金龟子属于鞘翅目金龟子科昆虫。这一科的昆虫都有一对特别的触角，触角顶端有细小的分叶，呈扇状散开。长达12厘米的毛象大兜虫和17厘米的长戟大兜虫生活在南美洲，是地球上最大的甲虫。它们也属于金龟子科。

探索小贴士！

六月金龟子

6月的夜晚，五月金龟子的小个子近亲——六月金龟子开始成群出现了。这种18毫米长的黄褐色甲虫的发育过程与五月金龟子相似，在德国较五月金龟子更为常见。如果你碰上了一群六月金龟子，很可能会有个把笨拙的家伙落在你身上：不要害怕，此时正好可以用手电筒把它看个仔细。

黑夜里的捕食者：步甲虫

黄昏时分，你在地面上可以看到一些大个的甲虫：作为捕食者的步甲虫开始出来捕食蜗牛、蠕虫、昆虫和它们的幼虫了。

德国生活着上百种不同的步甲虫，最长可达3厘米，大多数色泽较深且带有金属光泽。作为灭虫高手，一只步甲虫一个夏天可消灭掉400只毛虫。它甚至能钻破异舟蛾的厚茧（其他动物都做不到）。浑身金绿色的金步甲虫是一种白天活动的步甲虫，它最喜欢吃蚯蚓，也捕食科罗拉多金花虫（一种害虫）的幼虫。

概述
- **身长**：7～9毫米
- **食物**：只有雌蚊吸血
- **特点**：幼虫生活在水中

蚊 子

你肯定有过这样的经历：当你在闷热的夏夜开着窗户，躺在床上快要进入梦乡时，你的耳边却响起一阵嗡嗡声。你马上清醒过来，想把这讨厌的蚊子逮住。可是蚊子往往比你更快，等你逮住它时，它已经在你身上干了一桩坏事——吸血。

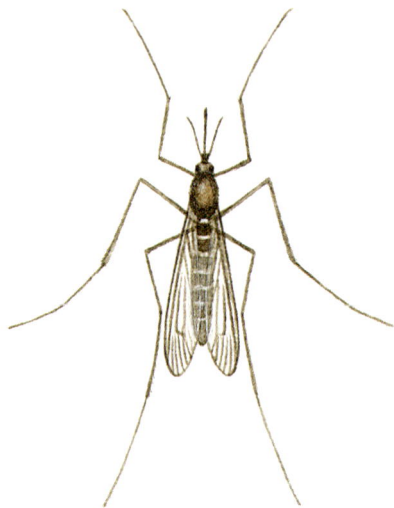

蚊子能通过你的体温和气味察觉到你的所在，然后落在你的皮肤上，用它那细长的刺吸式口器深深刺入你的皮肤中。找到皮下的毛细血管以后，蚊子就刺破血管开始吸血。为了使血液不致很快凝结而粘住口器，蚊子在吸血的同时还向你的血管中释放一种抗凝的液体。这就是你在被蚊子叮咬后，会长时间感觉皮肤发痒的原因。

— 你知道吗？ —

只有雌蚊才叮人

蚊子家族的食谱让人眼花缭乱：在水中生活的幼虫以浮游生物为食，雄性成虫吸食花粉和花蜜，只有雌性成虫才吸血。因为雌蚊需要这种高能量的食物来孕育卵。

水必不可少

蚊子只能生活在有水的地方，如水沟或池塘边。甚至一个水盆或小水坑，也足够蚊子产卵用了。雌蚊在水中一次产下约60枚卵。从卵中孵化出的幼虫身形细长，尾部带有一根呼吸管。它们头朝下悬在水中，将呼吸管露出水面。如果你把一根手指浸入水中，可以看到这些幼虫像蛇一样迅速游到水底。待危险过去以后，才再次回到水面。

在花园的池塘里，蚊子幼虫是鱼、蝾螈和其他水生动物最爱的美食。因此那些骚扰你的蚊子，多半都是来自积雨坑或是水槽这些缺少蚊子幼虫天敌的地方。

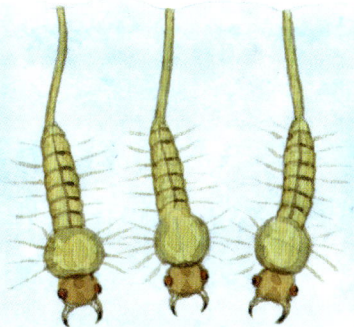

探索小贴士！

观察蚊子"出壳"

蚊子的幼虫在孵出几天之后就化蛹，球形的蛹也悬在水面下。你可以在晚上观察一下，蚊子的成虫是怎样破蛹而出的。

不叮人的蚊子——普通大蚊

在夏天的夜晚，普通大蚊也会被你房间的灯光所吸引。这种双翅目昆虫生有细长的腿，好像会飞的蜘蛛。你不必感到害怕，这种大蚊是完全无害的，绝不会叮咬你。你可以把它小心地放归自然。

蟋 蟀

在炎热的夏日，植被丰富的草甸、花园和路边常有蟋蟀在此起彼伏地鸣叫。当夜幕降临时，这些蟋蟀不但没有停止歌唱，反而越发活跃，因为不断有不同种类的蟋蟀加入进来。而且在清凉的夜晚，蟋蟀的叫声听起来更加真切，所以它们的歌唱在夜间听来尤为响亮。

欢快的啾啾声

德国的二百多种蟋蟀人多在夜晚交配，因此它们在夜里相当活跃，叫声极响。不仅雄蟋蟀会鸣叫，一部分雌蟋蟀也会加入进来。

长着一对长触角的蟋蟀是这样发声的：它用肥大的后腿做琴弓，反复摩擦前翅上相当于琴弦的坚硬翅棱，就好像小提琴家在演奏一样。另一些蟋蟀是通过一对前翅互相摩擦，或是通过口器上下颌的摩擦来发声的。

你知道吗？

蟋蟀的耳朵在哪里？

蟋蟀是通过鸣叫来寻找配偶的，所以它必须能够听到叫声。但蟋蟀的耳朵并不位于头部的左右两侧，而是位于腹部侧面，或是后肢的关节处。

探索小贴士！

观察蟋蟀

　　如果你想仔细观察蟋蟀是怎样鸣叫的，可以把一只蟋蟀放在带盖的大玻璃瓶里，在瓶盖上钻几个孔。如果要养更多的蟋蟀，你需要准备一只迷你饲育箱，在箱中放些小树枝作为蟋蟀的栖息之处，给蟋蟀准备燕麦片、切碎的面包和各种新鲜植物，如蒲公英、繁缕或一些青草，作为食物。有些蟋蟀还喜欢吃叶杆上的蚜虫。

　　你用放大镜可以清楚地看到蟋蟀是怎样唱歌的。因为每一种蟋蟀的叫声都不尽相同，你可以把它们发出的声音用mp3录下来，这样就能慢慢学会辨别各种蟋蟀的叫声了。

田野蟋蟀

　　你在50米开外的地方就能听到黑色的田野蟋蟀发出的响亮叫声。雄蟋蟀会蹲在它的地洞口，不知疲倦地一直唱到半夜。如果你有足够的耐心和运气，可能会发现一只田野蟋蟀的踪迹。不过这可相当不容易。因为只要有一丁点儿的干扰，哪怕是你轻轻踏出一步，它们就默不作声了。

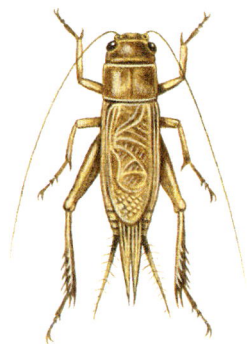

灶台边的家蟋蟀

　　从前许多厨房里都有家蟋蟀居住，它们在冬天会搬进人们温暖的住宅内。这些浅褐色的蟋蟀藏在地板裂缝里或碗橱后面，以厨房垃圾为食。在夜晚可以听到它们清脆的叫声。家蟋蟀并不传播病菌，所以是无害的。

49

蜘　蛛

　　所有的蜘蛛都是捕食动物。尽管大部分蜘蛛都在白天活动，十字园蛛和家隅蛛却是在夜间捕食的夜行动物。所有结网蜘蛛的身上都有一个纺器，能产生纤细的蛛丝。蜘蛛利用这些丝织出形态各异的网，就可以捕捉猎物了。

十字园蛛

　　十字园蛛结出的轮状网常见于树丛或灌木丛，在门窗、桥栏、阳台护栏甚至灯架上也可见到。这种蜘蛛夜间头朝下蹲在网中央，白天则藏在蛛网附近，只用一根蛛丝与蛛网相连，通过它来察觉任何微小的振动。

　　十字园蛛的网看上去像一个带辐条的车轮，由平滑的辐射丝和带黏性的捕虫丝纵横交错构成。蜘蛛在网上可以移动自如，而蚊子、苍蝇、甲虫、蝴蝶等昆虫都会陷入网中。一旦有猎物落网，蜘蛛就用蛛丝将它缠紧，然后一口咬住，给猎物注入毒液。因为蜘蛛不能咀嚼，所以这种毒液是一种能溶解猎物肌体的消化液。待昆虫的体内脏器被彻底消化为液态的内容物，蜘蛛就可以吸吮它的美食了。

家隅蛛

许多人都对这种德国最大的蜘蛛感到害怕。家隅蛛通常生活在地下室里，在墙角编织漏斗形的网捕猎昆虫。雄性在寻找雌性时偶尔也会钻进住宅。如果它碰巧掉到洗手池或是浴缸里，会被逮个正着，因为池壁对它来说太光滑了。你完全不用害怕这个1.5厘米长的家伙，甚至可以用手去抓它，因为它的毒螯并不会刺破你的皮肤。你可以把它小心地放到一只杯子里，然后再送回地下室，让它在那里继续捕食，防止害虫泛滥。

探索小贴士！

观察蜘蛛结网

十字园蛛每天都要编织一张新网，旧网多半因风吹、树枝掉落或猎物挣脱而撕毁，捕虫丝也不再有黏性。蜘蛛在编织新网以前，会把旧网吃掉。

另外，清晨是观察蜘蛛结网的最佳时机。你可以掐一下计时表，看看蜘蛛结一张网需要多长时间。

森林里的夜行动物

如果没有人类居住的话，德国可能到处都是森林。森林是与田野和草甸完全不同的世界，高大的树木仿佛一幢完整的建筑，构成了从地下室到各楼层甚至阁楼的不同生活空间。

白天的森林相对寂静，因为许多动物都是夜间才出来活动。

森林公寓

住在地洞里的老鼠、獾和狐狸是地下室的居民，它们只在夜间才离开巢穴。蜗牛、斑蝾和土蟾蜍生活在由地面上柔软的苔藓和落叶构成的一楼；蜘蛛、甲虫和其他一些昆虫则在野草、矮灌木和花丛构成的二楼穿梭游走。三楼相当于成人视平线的高度，由高灌木和小树构成，这里是狍和马鹿夜间啃食树叶的地方；顶楼就是树冠的高度了，作为夜行动物的猫头鹰和紫貂白天栖息在这里打盹。现在，奇妙的森林正邀请你来一次夜间探索，让我们从黄昏开始吧。

小心蜱虫叮咬！

每年3月到10月，灌木丛中都潜藏着大量蜱虫。你可能会被这些讨厌的吸血生物叮咬：它们会在你的身体表面爬上个把小时，直至找到一块适合吸血的地方。蜱虫可传播致命的传染病，所以在野外活动之后一定要仔细检查裸露的皮肤，看看是否被蜱虫叮咬。

发现森林里的夜行动物

许多森林里的居民，如胆小的麋鹿、野猪、狐狸和猫头鹰，都是夜行动物。黄昏时分在林中漫步，你可以听到许多奇妙的声音：猫头鹰的怪啸，雄狍的低嗥或是马鹿的鸣叫声。

林间一夜

一些地方自然保护机构或青少年活动中心有时会安排森林野营活动，你可千万不能错过这样的机会哟。在森林里，你们可以用树干、云杉枝和树叶为自己搭建一个舒适的营地。现在最激动人心的时刻到来了：关上灯，在黑暗中屏息静听吧！你们可以用mp3或手机录下一些动物的叫声，等第二天回家以后再辨认一下，这些声音是由哪些动物发出的。没准刚好有一只獾从你身边跑过呢。森林里也有蝙蝠，它们喜欢沿着林间小路捕食。

森林野生动物园

探索小贴士！

许多森林里都设有野生动物园。在那里，你在白天也可以观察马鹿、梅花鹿、野猪和狍等动物。而在自然环境中，这些动物都是昼伏夜出的。

夏夜的森林

夏天的夜晚，森林里活跃着狐狸、野猪、狍、麇鹿、猫头鹰、老鼠、斑螈等许多动物（下文将分别介绍），你可以听到它们独特的叫声和落叶中传来的窸沙声。林间小路上闪烁着萤火虫（见42页）发出的绿光，夜蛾在灌木丛中翩翩起舞，蜗牛在潮湿的草地上踽踽前行。动物们正在享受一个凉爽湿润的夜晚。你在森林里也可以试着用手电筒吸引夜蛾（见40页），然后找出它们的名字——你发现了多少不同种类的夜蛾呢？

小道上的足印坑

探索小贴士！

在森林里设一个足印坑，你就可以发现，有哪些动物在夜间游荡了。动物们一般是不会在森林里横冲直撞的，它们常常是顺着一片树林的边沿，或是沿着溪流，在自己熟悉的小径上来回走动。这样在狭窄的小径或是高灌木之间的走道上便会留下许多动物的足迹。你可以设置一个足印坑：在一块空地旁边的狭窄小径上平平铺上一层泥浆或沙子，第二天早晨去观察一下，都有哪些动物在此留下了足迹。查一下画有动物爪印插图的相关书籍，就可以知道它们的名字了。

你知道吗？

家猫的野生近亲

德国的森林里还生活着两种家猫的近亲——猞猁和野猫，但是数量非常稀少。它们也是昼伏夜出的动物。野猫看上去和一只毛发蓬乱的虎纹家猫十分相似，但是尾巴更加膨大。它通常单独生活在距离村舍不远的森林里。你在一二月间有可能碰到一只雄性野猫，因为它会在这段时间四处寻找配偶。猞猁的个头和牧羊犬一般大小，身形修长，毛发上带有深浅相间的斑点，三角形的耳朵上生有一撮深色的细毛。它也是喜欢独居的动物，夜间悄无声息地在自己的领地上游荡，向野兔、狍子、小型啮齿动物等捕食对象发起扑击。

秋夜的森林

随着白天不断变短，夜行动物也要开始准备过冬了。獾、浣熊和蝙蝠有时在太阳落山之前就开始出来捕食了，因为它们要为冬眠储存厚厚的脂肪。

森林动物时钟

下面这个动物时钟会告诉你，森林里的动物在夏令时节的作息时间。但这个时间随着日出时间的改变始终在变化。大多数动物并非整夜都是醒着的：一旦吃饱喝足，它们就继续休息。比如马鹿通常在晚上9点至午夜以及清晨4点至6点之间进食。在其他的时间里，它有时醒着，有时在睡觉，完全没有规律。

动物	清醒时间	睡眠时间
土蟾蜍	20：00	04：30
	在春季的交配期时间更早	
马鹿	21：30	午夜
	04：00	06：00
夜鹰	21：15	23：45
	01：00	05：00
松貂	21：30	05：00
灰林鸮	22：00	05：30
獾	22：30	04：30

红狐狸

红狐狸是一种适应性极强的动物，能在各种条件下生活，因此现今在德国分布极广。狐狸非常聪明，它熟识自己生活区域的每一个角落，清楚地知道在哪里最容易捉到老鼠，遇到危险时，哪里是最近的藏身之处。

概述

- **体型：** 身长可达90厘米，尾长50厘米，体重可达10千克
- **食物：** 主要以老鼠为食，也吃蚯蚓、昆虫、鸟、腐尸以及樱桃、越橘等甜味浆果
- **特点：** 分布极广，在大城市也能生活

狐狸对自己的领地了如指掌

狐狸是单独生活的夜行动物。它常常在自己生活的大片领地上警觉地观察周围的一切变化。它能从脚步声判断出，来人是一个于己无害的散步者，还是一个不怀好意的猎人。狐狸在夜间出巡时，会反复留下划界的标记——在一块大石头或树墩上屙一坨粪便，以阻止其他同类进入自己的地盘。如果你在一些醒目的地方看到这种特别的粪条，你立刻就能知道，这里住着一只狐狸。

城市里的红狐狸

红狐狸在多年以前就已经进入城市了。如果你半夜里在地铁站的滚梯上看到这个来自森林的不速之客，可不要太惊讶哦。狐狸在城市的下水道、公园和墓地里可以找到足够的藏身之处。它的食物来源除了野兔、老鼠和垃圾桶里的剩餐，还包括动物园里的动物：因为狐狸经常偷袭红鹳，所以动物园里的开放园区往往要建造防御狐狸的设施。城市里的狐狸一般寿命较短，因为有相当多的狐狸会丧生于车轮之下。

探索小贴士！

观察红狐狸

红狐狸在松软的泥地上打洞筑巢，白天通常躲在地洞里。如果泥土太坚实，它就利用獾留下的洞穴或自然洞穴做窝。红狐狸在秋冬季节一般只在夜间外出，除非是饿极了，它才会在白天也出来捕食。在春季和夏季，你有更多的机会在白天看到红狐狸，因为此时它需要捕获更多的猎物以哺育幼仔。

行动似猫

红狐狸和狼、家犬一样，都属于犬科动物。但是如果你在野外或是在动物园里仔细观察一下，你就会发现，红狐狸的行为其实更接近猫：红狐狸的瞳孔在白天也会眯成一条缝；在感到紧张时，它的尾巴尖也会不断抽搐；它也会像猫一样，悄无声息地溜到老鼠的近旁，然后一跃而起抓住猎物。红狐狸和猫虽然不是近亲，却发展出了同猫一样的捕食行为。

捕鼠能手

红狐狸在很远的地方就能听到老鼠发出的"吱吱"叫声和极轻的奔跑声，因为它主要以这种小型啮齿动物为食。红狐狸在捕食的时候，会悄无声息地慢慢靠近它的猎物，后腿下蹲，对准目标突然跃起，然后用前爪抓住猎物一口吞下。一只狐狸每天要吃掉15～20只老鼠。除了老鼠，它还喜欢吃蚯蚓和其他一些动物，尤其喜欢带甜味的果实。当黑莓和越橘等果实成熟时，狐狸会吃掉大量果子，以至粪便都染成了蓝黑色。

你知道吗？

这些红狐狸都能做到

· 奔跑时速达50千米/小时
· 捕鼠时一次可跳4米远
· 可以爬上倾斜的树干
· 能听到蚯蚓在泥土中蠕动
· 嗅觉比人类灵敏450倍
· 能跳过中等高度的树篱

狐狸幼仔

　　雄狐狸通常在冬季寻找配偶，此时你可以在夜间听到它发出的尖锐的嗥叫声。第二年春天，四到六只双眼紧闭的狐狸宝宝就在地洞里出生了。如果食物充足的话，雌狐狸一胎可产下多个幼仔；在食物缺乏时，雌狐的产仔数量也会相应减少。所以狐狸的数量取决于它所在地区的食物供给量。

　　狐狸妈妈在给幼仔哺乳期间，由狐狸爸爸为它寻找食物。小狐狸在出生四周后即可外出活动，在野外嬉戏中逐渐认识周围环境，并跟着父母学习捕食老鼠等技能。十个月大的小狐狸就算成年了，成年的雄性狐狸将离开父母的领地独立生活，雌狐则仍留在当地。

你知道吗？

白色的尾巴尖

　　红狐狸有一条毛蓬蓬的红色尾巴，尾巴尖却是白色的。人们一般认为，这个白色的尾巴尖有助于小狐狸在夜间出行时能看清自己的父母，它们只要跟着那醒目的白色尾尖，便不会走丢了。

獾

獾是一种非常警觉的动物。白天它躲在深深的、迷宫一般的地洞里睡觉，直到黄昏时分才醒来。但是你很难看到它的真容。獾有一身漂亮的皮毛，它身形像貂，头部生有黑白相间的条纹。如果你想在野营时看到它，那就要绝对保持安静。若是你运气足够好的话，没准儿会碰到一只没有匆匆躲进灌木丛的獾。

概述
- **体型**：身长可达90厘米，体重可达18千克
- **食物**：老鼠，小鸟，鸟蛋，蚯蚓，蜗牛，昆虫及其幼虫，蜘蛛，蜈蚣，蘑菇，浆果，坚果，植物块根
- **特点**：和家庭成员群居在一个地下巢穴里，但通常单独外出觅食

獾是森林里无可争议的城堡领主。獾的家族可以数代成员历经几百年居住在一个深达5米的大地堡里。长达30米的蜿蜒曲折的隧道，把地堡中各个楼层的卧室、储藏室、育婴室和警戒室连成一体。许多与逃生通道相连的洞口通向外面，新鲜空气通过一个特殊的通风井被引入地下。獾喜欢在卧室里铺上柔软的苔藓、青草和落叶。它们还非常爱干净，会把垃圾小心翼翼地送到外面清理掉。

獾 洞

探索小贴士！

如果你想知道獾洞是什么样的，那就问问护林员吧。假如你家附近就有一片森林的话，可以请求护林员陪你在森林里走一圈。狐狸和獾的洞穴很容易区分：狐狸的洞穴总是臭气熏天，而在獾洞周围则闻不到任何气味。

幼 獾

雌獾在每年春季产仔，一胎可产下三至五个幼仔。在幼獾出生以后，雄獾会守在它的洞口担任警戒，以防敌人接近幼仔。幼獾先由母亲哺乳，过些日子就可以吃蠕虫和一些柔软食物了。到了秋季，幼獾就可以独立生活了。年轻的雄獾会离开父母的领地寻找新的洞穴，雌獾则仍然留在父母身边生活。

冬 歇

獾在秋季会大吃特吃，以便为过冬储存起厚厚的脂肪，此时它的体重可以达到春季时的两倍。在寒冷的冬季，獾在地洞里进入冬歇，仅靠秋季储存的脂肪维持生命。

紫　貂

概述

- **体型：** 与猫相仿
- **食物：** 松鼠，老鼠，鸟蛋，浆果，坚果，较大的昆虫
- **特点：** 善于爬树，在树丛中可跳4米远，喜欢独居

个头和猫一般大小的紫貂，白天喜欢躲在空树洞（松鼠或是猛禽留下的空巢）里睡大觉，天黑以后才外出活动，在方圆数千米的范围内寻找食物。因此它需要生活在大片相连的林区里。

松鼠的天敌

紫貂是松鼠最大的天敌 。这可能是因为松鼠是在白天活动的，夜晚通常回到巢里睡觉，正好成为紫貂的捕食对象。紫貂一旦发现了松鼠，便会把它一直追到树梢。此时走投无路的松鼠只能冒险从25米高的地方跳到地面才能侥幸逃生。这样的跳跃紫貂可是不敢尝试的。

紫貂和石貂

石貂（见28页）和紫貂是近亲，二者看上去极为相似。它们的区别在于生活环境的不同。石貂生活在人类的住宅区，易受惊吓的紫貂只生活在森林里。石貂通常只在地面活动，善于爬树的紫貂则住在树上。两种极为相似的捕食动物可以各据领地，互不争抢食物，大自然是多么神奇啊！

探索小贴士！

观察紫貂

紫貂是一种非常警觉的动物，它每天夜里都要在自己的大片领地上长途奔袭，所以你很难在森林里遇到它。大多数动物园里也不养紫貂，因为无法给它提供足够的生活空间。如果你想观察紫貂的话，可以去汉肯斯布特市（德国）的奥特中心参观。

浣　熊

概述
- **体型：** 与红狐狸相仿
- **食物：** 植物果实、种子、块根、球茎，昆虫，鸟蛋，鱼、虾、蟹，蜗牛，腐尸
- **特点：** 面部带黑色斑纹，尾部有黑色的圆环，生活在森林里，记忆力出色，能记住食物供给丰富的地方

大约在100年前，在德国还只能在动物园或是毛皮动物养殖场里见到浣熊这种外来动物。后来有一些浣熊逃到野外生活。到1934年，第一批浣熊在黑森州的埃德尔湖畔定居。从那以后，这种原产于北美的小动物开始在中欧地区广泛分布。浣熊白天躲在岩缝、树洞或是狐狸、獾留下的洞穴里，夜间外出觅食。

浣熊善于攀爬和游泳。它几乎什么都吃，所以也能生活在城市里，在垃圾堆中寻找食物。浣熊的记忆力非常好，能清楚地记得那些食物丰盛的地方。在黑暗中它主要靠前爪翻找食物。因为浣熊还会潜入水中捕捉鱼虾，以致人们误以为它是在清洗食物，所以称它为浣熊。

不用喂浣熊

在浣熊的故乡——北美洲的许多地方，浣熊已经丧失了警觉的天性。它们常常会骚扰人类，偷走人们的盘中餐。如果你家附近也有浣熊出没，不要给它喂食，它自己就能找到足够的食物。

浣熊过冬

在寒冷的冬天，浣熊会躲在洞穴里冬歇数周，只靠自身的脂肪维持生命。如果天气暖和，它也会在夜间外出寻找食物。

你知道吗？

貉是什么？

德国的夜行动物中还有一种外来移民——跟狐狸一般大小的貉。貉的外形与浣熊极为相似，只是尾巴上没有黑环。这种原产于亚洲的犬科动物最初并不是由人类豢养的，而是自己从远东地区迁移过来的。貉也是一种夜行动物，以蠕虫、蜗牛、昆虫、鸟蛋、野果和腐尸为食，白天栖息在狐狸或獾留下的洞穴里。

野 猪

野猪通常在夜间外出觅食，但有时也会在白天出现。野猪停留过的地方往往痕迹明显：如果你看到路边、草甸或是田野上的泥土像被推土机铲过一样，那一定是野猪干的了。野猪喜欢用长嘴拱地，寻找植物块根、菌类、昆虫等食物。一群饥饿的野猪可以给农田造成极大损失。

概述

- **体型**：身长可达1.8米，体重达350千克
- **食物**：植物根茎，菌类，青草，橡实，坚果，腐尸，昆虫幼虫，蜗牛，蠕虫，老鼠
- **特点**：生活在阔叶林或针叶阔叶混合林中；雄野猪独居，雌野猪和幼仔群居生活

警觉的野猪

野猪是一种非常警觉的动物——对于你来说，这是件好事。野猪十分强壮有力，可以轻而易举地跃过1米高的篱笆。所以不要靠近它，尤其要远离野猪幼仔。如果雌野猪感觉受到威胁，会突然对你发起攻击。

野猪的浴室和厕所

猪其实是一种很爱干净的动物，作为家猪祖先的野猪也是如此。它们从不在自己的住处排便，而是在周围找一块固定的地方作为厕所。野猪还常常洗澡：它们会找一块泥塘，泡上一次泥浆浴。等身上的泥水干掉以后，就在约80厘米高的树干上反复摩擦，蹭掉身上厚厚的泥巴。野猪用这样的方法去掉身上的死皮和松脱的毛发，还避免了寄生虫的骚扰。

你知道吗？

一些有趣的称谓

成年和幼年野猪各有奇特的称谓（在德语中），如下所示：

成年雌野猪——喷气机
成年雄野猪——打桩机
幼年野猪——童子军
少年野猪——冲锋兵
野猪群——快速反应部队

野猪幼仔

　　雌野猪每年春季在洼地里筑巢产仔，一胎可产下四至十二个幼仔。长有条状花纹的野猪幼仔生长迅速，几天之后即可外出活动。当它们外出时，会有一只雌野猪负责看护不同的母亲生育的众多幼仔，好像幼儿园的阿姨一样。

探索小贴士！

轻松辨认野猪的足迹

　　在松软、湿润的土地上常常可以看到野猪留下的足迹：由两个较大的前趾和两个较小的后趾组成。

马 鹿

马鹿是德国的国宝动物。它既是地球上体型最大的一种鹿，也是自棕熊消失以后，德国森林里最大的野生动物。因此马鹿也被我们冠以森林之王的称号。

概述

- **体型：** 身长可达2.5米，体重可达250千克
- **食物：** 草，树叶，嫩枝，橡实，坚果，冬天也吃树皮
- **特点：** 雄鹿头顶长有坚硬有力的分枝状角，雌鹿没有角

鹿 角

马鹿最引人注目的特征是雄鹿头上的一对大角，每只鹿角可重达7千克。雄鹿的角在每年冬去春来时会自然脱落，然后慢慢长出新角。新角最初由一层嫩皮包裹，雄鹿会不断在树干上来回摩擦，直至骨质的鹿角裸露出来。鹿角的分枝每年都在增加，到雄鹿10～15岁时，鹿角长到最大。此后随着年龄的增长，鹿角会逐渐变小。

秋季森林里的喧嚣

探索小贴士！

　　每年的9月末是马鹿的交配季节，雌鹿和雄鹿将在林中相会。此时雄鹿会用响亮的鸣叫声吸引雌鹿的注意。如果你想观察发情期的马鹿，可以在晚间参观野生动物园。至于哪里有饲养马鹿的野生动物园，你可以在网上查一查，了解相关信息。去参观时别忘了带望远镜！

不停游荡的马鹿

　　马鹿总在不停游荡，在昏暗中四处游走，以寻找足够的食物。它们在冬季会迁移到其他地方越冬。马鹿每天要吃掉20千克的植物，耗时约10小时，此外还需4~6小时的时间用来反刍。

黇鹿

　　有些森林野生动物园中饲养的鹿不是马鹿，而是长着一对铲状角、身上有白色斑点的黇鹿。黇鹿性情温顺，个头比马鹿小。这种鹿原产于土耳其，在中世纪时迁移到德国。黇鹿也是昼伏夜出的动物，在天黑以后觅食。

狍

你在白天几乎不可能注意到，大约有两百万只狍生活在德国的土地上。因为它们都躲藏在茂密的灌木丛中，直到天黑才出来觅食。只有在冬季，你才有可能在白天看到狍出现在森林附近的草甸或田野里。

从秋季到初春，雄狍和雌狍结成兽群过群居生活。到了春季，雄狍就离开群体，建立自己的领地。它通过额头腺体发出的气味、在地上和树枝上刮蹭出的痕迹来标示界限，不让其他雄性同类进入自己的地盘。

概述

- **体型**：身长可达1.4米，体重可达35千克
- **食物**：草，树叶，嫩枝，橡实，榉实，植物种子
- **特点**：雄性长有一对很小的角，雌性没有角；夏季毛色红褐，冬季呈灰褐色

你知道吗？

狍不是鹿

你要是把狍当作没有角的母鹿，可就大错特错了。它可不是母鹿，而是属于鹿科的一种独立的物种。

交配季节

探索小贴士！

狍从8月开始进入交配期，此时它们在白天也相当活跃。运气好的话你甚至可以看到雄狍长时间追逐一只雌狍，以求得到交配的机会。

可爱的幼狍

如果你看过《小鹿斑比》，一定会觉得那个长着漂亮斑点的鹿宝宝十分可爱吧。和鹿宝宝一样可爱的幼狍在每年春季出世。雌狍在外出觅食时，会把幼仔藏在隐秘的灌木丛或长草中。幼狍完全没有气味，这可以保护它们不被狐狸等天敌嗅到。一旦有危险来临，幼狍就这样躲藏起来而不会被敌人发现。如果你在森林中发现这种看似被遗弃的幼仔，千万不要捉它。当你离开以后，雌狍就会重新回来喂它的宝宝了。

臀部的镜子

你一定会注意到，狍的臀部生有一块白斑。当狍翘起短尾巴时，这块被称为"臀镜"的白斑看上去尤其明显。它的作用可能相当于汽车的尾灯：当一群狍在黑暗中为躲避危险而奔跑时，闪烁的白斑可以帮助后面的同伴跟上队伍而不致跑丢。这样就增加了它们的生存机会，因为落单的狍很容易成为捕食动物的牺牲品。

猫头鹰

雀鹰、苍鹰和老鹰等猛禽在白天捕食小动物，夜晚就轮到另一种捕食鸟——猫头鹰出动了。德国最常见的猫头鹰是生活在森林、公园或墓地里的灰林鸮。还有个头略小、身形修长的长耳鸮，生有一对会活动的耳状羽。猫头鹰是捕猎高手，因为它们生有构造十分特别的羽毛，几乎可以毫无声息地飞行。

你知道吗？

有耳状羽的猫头鹰听觉更灵敏吗？

不只是长耳鸮，在德国大约半数的猫头鹰种类都生有耳状羽。耳状羽由四至八根伸长的头部羽毛组成，形似耳朵，却与听觉完全没有关系。它的确切作用我们现在还不得而知——也许你将来会成为研究猫头鹰的专家而解开这个谜呢。

概述

- **体型：** 身长可达42厘米，翼展达1.05米
- **食物：** 老鼠，小鸟，青蛙
- **特点：** 身形健壮，头大而圆，没有耳状羽

灰林鸮

恐怖片里常出现的令人毛骨悚然的“呼——呼”声，正是灰林鸮的叫声。冬季在大白天也经常能听见雄鸟的骇人叫声，因为它要通过鸣叫宣示自己的领地。雌鸟则以“咴咴”的叫声回应。雌灰林鸮常在雀鹰留下的空树洞里产卵，一次可产5枚卵，此外也会利用人工巢箱、空乌鸦窝甚至阁楼板之类的地方产卵。灰林鸮的捕食方式也十分多样：它最善于从蹲坐的高处突然对猎物发起扑击，也会在空中盘旋寻找猎物或洗劫鸟巢。

探索小贴士！

观察灰林鸮

冬季晴朗的有满月的夜晚，是观察灰林鸮的最好时机。到森林边上或是城市的绿地里，试着模仿灰林鸮的“呼——呼”叫声，如果运气好的话，没准会把一只雄鸟吸引过来。你在白天也可以发现它：如果你看到一群因受惊吓而尖叫乱飞的鸣禽，那么很可能灰林鸮就栖息在附近的树枝上。

长耳鸮

长耳鸮利用乌鸦、喜鹊、松鼠或其他猛禽留下的空巢孵卵。它喜欢住在森林边缘而不是森林深处，因为这样更便于在田野里捕捉田鼠。如果某一年田鼠的数量减少，它产卵的数量也会相应减少，甚至根本不产卵。假如你住在森林附近，可以帮长耳鸮筑个巢——用柳木做一个长约40厘米的人工巢箱，固定在树干的高处。

概述

- **体型：** 身长可达40厘米，翼展达1米
- **食物：** 基本上只吃老鼠
- **特点：** 身形修长，有一对长长的耳状羽，眼睛为橙色

探索小贴士！

观察长耳鸮

长耳鸮在冬季也会搬到人类的居住区，围绕着饲养场等地方捕食鸣禽以度过严寒，白天则栖息在树上。

76

猫头鹰吃掉了什么？

你在猫头鹰栖息的树下可以找到一些球状物，看上去像绞缠在一起的毛团。因为猫头鹰不能消化猎物的皮毛、羽毛和骨头等硬物，这些消化不了的食物残渣会被重新吐出来，形成球状的"食丸"。用镊子将这些食丸小心撕开，就可以知道猫头鹰这一餐的食物都包括什么了。

你知道吗？

世界上最大的猫头鹰

在德国生活着世界上最大的猫头鹰——雕鸮。它的翼展宽度接近2米。雕鸮生活在山区，在悬崖峭壁的凹洞里孵卵，也会利用其他猛禽留下的空巢。在秋季和冬末的夜间，你可以听到雕鸮发出的独特的"呜——呼——"叫声。德国的雕鸮曾经几近灭绝，后来因实施了严格的动物保护条例，加上环保人士的不断努力，今天在某些地区才得以重新出现。

德国的其他猫头鹰

除灰林鸮和长耳鸮外，在德国还生活着一些其他种类的猫头鹰：

长尾林鸮：生活在山林中
鬼鸮：生活在有参天古树的森林里
仓鸮：生活在人类开垦地（花园，草地，城市和乡村）
花头鸺鹠：生活在山区的针叶林中
　　　　　（这种猫头鹰的个头仅和麻雀一般大）
纵纹腹小鸮：生活在没有森林的平原地带
短耳鸮：生活在苔原、沼泽等地带

夜 鹰

夜鹰和乌鸫一般大小，翅膀细长。在不同的地区，夜鹰还有各种俗称——挤奶工或吮奶鸟。这些名字是来源于一种以讹传讹的传说，因为从前人们在夜里看到这种鸟出现在奶山羊身上，就认为它是来吸吮羊奶的。其实这完全是无稽之谈。夜鹰有时会停在山羊等家畜身上，是因为它们身上的苍蝇和蚊子是夜鹰的美食。

夜鹰棕色的羽毛和树皮的颜色非常相似，因此当它在地面上栖息，或是夏天在洼地里孵卵时，可以很好地掩藏自己。夜鹰从不筑巢，也不会在产卵的洼地里铺上苔藓等植物。

夜鹰只在夏天生活在德国。它每年9月份都要飞往中部或南部非洲越冬，第二年4月再返回德国本土孵育后代。

概述
- **体型：** 与乌鸫相仿
- **食物：** 夜蛾，蚊子，苍蝇，甲虫以及其他一些飞虫
- **特点：** 通常独居；雌鸟一次产卵两枚，幼鸟在夏天孵化，很快就能独立生活

观察夜鹰

　　夜鹰通常生活在松林里，也能生活在荒原或沙丘地带。因为它非常善于隐藏，所以你很难发现它。在春季的夜晚，可以听到处于发情期的夜鹰发出的"嗡嗡"鸣叫，这种声音听起来好象是从远处传来的汽车马达声，可持续数分钟至数小时。雄夜鹰还会展开炫目的飞行表演：它们在飞行中扇动翅膀互相击打，发出"砰砰"的响声，以此赢得雌夜鹰的青睐。偶尔你也有发现一只夜鹰的机会——当你的汽车前灯照见夜鹰翅膀上的白色斑点时。

斑 螈

斑螈生活在有溪流穿过的湿润阔叶林中，白天躲藏在石头下面或腐烂的树墩里，夜间外出觅食。当秋季天气变冷时，斑螈就钻到防寒的洞穴里，进入全身僵硬的冬眠状态，直到春暖花开才再次出来活动。

概述

- **身长：** 可达20厘米
- **食物：** 蜗牛，潮虫，蚯蚓，蜈蚣，蜘蛛，昆虫和昆虫幼虫
- **特点：** 昼伏夜出，寿命可达10～15年

生有黑黄相间条纹的斑螈与白天活动的蝾螈都属于有尾目两栖动物，它们的共同特点是都有一条长尾巴。斑螈的长尾巴好像一只圆圆的铅笔。青蛙和蟾蜍则属于无尾目两栖动物。斑螈不像其他两栖动物那样在水中产卵，它的幼体直接在雌性体内发育。这些蝌蚪状的幼体长至约3.5厘米长时，才从母体被排入水中，在清冷的水域中慢慢生长发育至成体后，便离开水域在陆上生活。幼体的发育时间根据食物供给和温度条件的差异，可以从两个月到两年不等。

为什么斑螈呈现黄黑相间的颜色？

斑螈黄黑相间的耀眼颜色是一种警告标示，向鸟、刺猬等动物发出这样的信号：别碰我，我有毒！斑螈体表的腺体能分泌一种毒液，会灼伤人的眼睛和皮肤上的小伤口，所以你不可用手去抓它。

探索小贴士！

观察斑螈

想观察斑螈的话，你不必非得在半夜里去森林。在春夏季的阴雨天，户外又湿又冷时，斑螈在白天也会出来捕食。此时你可以去森林里的小溪边、林间空地上或是森林边的牧场上仔细观察，没准就会发现一只正在捕食的斑螈。记得要多穿点衣服哟。

土蟾蜍

土蟾蜍

土蟾蜍

概述

- **身长**： 可达15厘米
- **食物**： 蚯蚓，裸蜗牛，蜘蛛，昆虫和昆虫幼虫
- **特点**： 德国最大的蟾蜍，雌性的个头比雄性大很多

土蟾蜍是德国最常见的两栖动物。与大部分两栖动物一样，它也是一种夜行动物。土蟾蜍只在交配和产卵时才来到水边，其他时间都生活在森林里。白天它躲在石头下面、地洞、腐烂的树墩或是树根的缝隙里面。这些地方也是它的冬眠场所。

土蟾蜍通常在三四月间的雨夜离开冬眠的巢穴，朝着它出生的水域迁徙。体形较小的雄蟾蜍在迁徙过程中会寻找可交配的雌性，找到了以后，便让雌性背着它，一起到水边交配产卵。待雌蟾蜍在水中排出长达5米的大约5000个受精卵后，雌雄蟾蜍才各自分开。然后雌蟾蜍会首先离开水域，雄蟾蜍紧随其后，回到森林里生活。

观察其他夜行两栖动物

　　除土蟾蜍外，森林里还生活着其他一些夜行两栖动物：如身长约5.5厘米的黄腹铃蟾和红腹铃蟾，生活在山林里杂草丛生的小水塘边。你在夜间可以听到它那富有韵律的"呜–呜"叫声。循着叫声走近，没准就能发现一只气鼓鼓的铃蟾，正漂浮在水面上。个头较小的助产蟾生活在池塘、小溪和排水沟附近。它们在春天的夜晚发出求偶的鸣叫声，听起来好像远处传来的教堂钟声，因此也被称为钟鸣蟾。

探索小贴士！

你有兴趣为蟾蜍开出租车吗？

　　土蟾蜍在向产卵水域长途迁徙的过程中，往往要横穿危险的街道，以至多被汽车碾死。所以动物保护人士会在路边设置蟾蜍围栏，把蟾蜍引导至安全的通路穿过街道，或是引入地下隧道。有时人们也会把蟾蜍捉入桶中，用水桶"出租车"直接送到马路的另一侧。如果你也想给蟾蜍开一回"出租车"的话，可以咨询当地的自然保护组织，或是访问www.amphibienschutz.de，寻找你附近的蟾蜍围栏设置点。这可是近距离观察蟾蜍的好机会哟，不要错过！

住宅和动物园里的夜行动物

德国的野生动物一般生活在草甸、田野、森林和花园里。除此之外，还有一些野生动物生活在动物园里，它们最早是从位于非洲、亚洲或美洲的老家被捕获来的。

如今动物园里饲养的动物基本上是在各个动物园内繁殖出来的。不论是家养的宠物还是动物园里的动物，有相当一部分也是夜行动物。让我们来认识一下其中的几种吧。

在动物园里

早先动物园里的野生动物都是被监禁的。人们怀着猎奇的心理来观看他们此前从未见过的大象、狮子、长颈鹿和猩猩等动物。在现代化的动物园里，动物不再像从前那样被当作展品了，它们生活在适合其自然习性的野生动物园里。狮子和猎豹在它们的老家也是白天基本不活动的，所以它们的兽苑不需要太大。黑猩猩、大猩猩和熊从来不闲着，所以它们的生活区里需要设立各种供攀爬和游戏的设施。饲养员还要埋藏一部分食物，供它们挖掘寻找。

你知道吗？

由于人类的大量捕杀和对其生活空间的严重破坏，世界上的许多野生动物都已经灭绝了。一些动物仅在动物园中幸存下来。如今人们正在努力，让一部分动物从动物园成功返回野外的故乡定居。

家 猫

你可能会感到奇怪，为什么家猫也会出现在我们这本书里——很简单，因为它也是一种夜行动物。家猫就生活在我们身边，所以你可以很好地观察和了解它的夜行生活习性。

家猫的祖先

家猫的祖先是非洲野猫。非洲野猫体型较大，身披虎纹，四肢细长，遍布在除热带雨林和山地之外的整个非洲大陆。非洲野猫在夜间活动，天黑以后外出捕食小型啮齿动物、小鸟、蜥蜴和大蝗虫。家猫遗传了非洲野猫的夜行和独居的生活习性。在4000年前的古埃及，猫就已开始作为宠物被人类豢养了。

图片来源：wikipedia.org/Falbkatze

非洲野猫

反光膜

当你在黑暗中两眼一抹黑时，猫的眼睛可是能看得很清楚呢。这是因为猫眼的构造十分特别。猫的眼底生有一层像镜子一样能反射光线的晶体，生物学家把它叫做反光膜。这层膜会反射一部分到达眼睛的光线，使之再次激活视网膜上的光感受细胞。因为反光膜的作用，猫的眼睛在汽车前灯的照射下也会闪闪发光。除了猫以外，狗、狐狸、马、牛和许多其他哺乳动物的眼睛也生有这种反光结构。

探索小贴士！

观察家猫捕食

家猫主要捕食老鼠，捕食方式与其他小型野猫相似。你在和你的宠物猫玩耍时，便可以观察一下它的捕食行为：它会盯住捕食的对象，利用身边的一切障碍物作为掩护，悄无声息地慢慢靠近猎物，直到与猎物仅有一个跳跃跨度的距离。然后用后爪蹬地，猛然跃起——毫无防备的猎物根本没有任何逃跑的机会，就被家猫用尖利的前爪一把按住，咬断了脖子。

金仓鼠

金仓鼠是一种啮齿动物，常被当作宠物饲养。它也是一种夜行动物。如果你家里已经养了猫或狗，那就不宜再养金仓鼠了。因为猫、狗这些肉食动物会给它带来极大的惊吓。在自然环境中，金仓鼠每天夜里都要来回跑上数千米以寻找食物。

你需要在金仓鼠的笼子里放一个脚踏轮，以保证它能进行足够的运动。掐一下计时表，看看你的金仓鼠的清醒和睡眠状态分别是多长时间。即使在午夜，它也是一会儿跑出来活动，一会儿又回到小窝里休息——野生的金仓鼠也是如此，这是它们的天性。在德国还生活着一种金仓鼠的近亲——个头较大的欧洲仓鼠。欧洲仓鼠也是一种夜行动物，以谷物、坚果等为食，还会利用面部的颊囊搬运食物，送到地洞里储存起来。

壁　虎

地中海边的假日奇遇

这种无害的蜥蜴虽然不是家养宠物，但在温暖的地中海沿岸国家的民宅里十分常见。

如果你在度假别墅的墙上看到一条长达20厘米的欧洲壁虎，不必感到害怕：它只吃昆虫，包括讨厌的蚊子，并不会伤害你。

动物园里的夜行动物房

动物园里生活着来自世界各地的各种不同的动物，不过你只能在白天对外开放的时间才能去参观。遗憾的是，夜行性的动物此时都在巢穴里睡觉呢。如果你想看到活跃的夜行动物，可以去参观某些动物园里的夜行动物房。

夜行动物房没有窗户，白天里面一片黑暗。每天早晨动物园开门时，夜行动物房里的灯光就全部熄灭。对于动物来说，夜幕降临了，此时它们都睡醒了。到了晚间，动物房里灯光照耀如同白昼，动物们就回到窝里睡觉了。动物房里的动物能很好地适应这种人工调节的昼夜节律。即便在这种动物房里，你也有可能看不到活跃的夜行动物：因为昼行性动物在白天也不是整天都活跃，也会有休息的时候；夜行动物也一样，会时不时地小憩片刻。

你知道吗？

一开始你什么都看不见

当你刚刚从明亮的白昼进入到黑暗的夜行动物房里时，眼前是一团漆黑。你的眼睛大约需要10分钟左右的时间，才能适应黑暗的环境。在黑暗中等上一会儿，慢慢地你就能辨认出动物、植物和各种设施的轮廓了，好像在月圆的夜晚一样。

动物园里的本土夜行动物

在动物园里还能看到一些原产于德国的动物，其中最引人注目的是狼。狼喜欢群居生活，集体哺育幼仔；每天夜里会奔跑50千米寻找食物，用嗥叫声将群体成员紧密结合在一起。狗最初也是由狼驯化而来的。

探索小贴士！

动物园里的动物时钟

动物	在动物园里的"起床"时间	在自然环境的"起床"时间
土豚（东非）	09：30	19：30
蛙嘴夜鹰（澳大利亚）	10：00	20：00
树懒（巴西）	10：30	20：30
大耳狐（突尼斯）	11：00	21：00
狐蝠（西非）	12：00	22：00
夜猴（中非）	12：30	22：30
鹬鸵（澳大利亚）	13：00	23：00
倭狐猴（马达加斯加）	14：00	00：00
跳兔（南非）	17：30	03：30

来自非洲的夜行动物

在夜行动物房里，一些来自世界各地的动物比邻而居，如来自北美的跳兔和原产于非洲毛里求斯的土豚。圆滚滚的土豚长着喇叭形的耳朵和像猪一样的长嘴，白天躲在自己挖掘的地洞里睡觉，夜间外出觅食。它用马蹄形的利爪摧毁蚂蚁坚固的堡垒，然后伸进带黏性的舌头，把蚂蚁钩出来吃掉。土豚在黑暗中主要靠灵敏的听觉和嗅觉捕食。跳兔则依靠一双敏锐的大眼睛寻找食物。它善于跳跃，好象一只迷你袋鼠，常用前爪在泥土中刨食植物的球茎和块根。

你知道吗？

土豚不是猪

尽管土豚长着一张"猪嘴"，但它并不是猪，而是一种相当古老的物种。它是地球上现存的唯一一种原始有蹄类动物，这一类动物的其他属种都早已灭绝了。

狐 蝠

狐蝠的生活区热闹极了：这些大蝙蝠不像德国的蝙蝠那样老老实实地挂在树上，而是从一根树枝飞到另一根树枝，在空中转一个圈，然后吱嘎乱响地落在一个同伴身边。狐蝠不捕食昆虫，而是以植物果实为食。

探索小贴士！

看仔细了！

如果夜行动物房里养有小型蝙蝠，你一定要仔细观察一下。这些倒挂的蝙蝠在起飞前会向各个方向转动头部，同时发出你的耳朵听不到的超声，通过反射回来的声波，用听觉构建出周围环境的完整图像。它们能够准确地判断出，哪里是墙，哪里是树枝，哪里有猎物。而体型较大的狐蝠则是依靠眼睛寻找食物的。

猴子和狐猴

许多猴子和狐猴都是夜行动物。长着一对大眼睛的狐猴只生活在马达加斯加。只有老鼠大小的倭狐猴是世界上最小的狐猴，在树洞里产仔。跗猴的头可以像猫头鹰那样转动180度。生有尖耳朵和大嘴的各种非洲夜猴，看起来长相似猫。但它们确实是猴子，因为都有一对善于抓攀树干的前爪。夜猴可以在树杈之间纵跃12米远。因其叫声像婴儿，故而得名"丛林宝宝"。原产于亚洲的懒猴，与来自南美洲的树懒（某些动物园可见）一样，夜间在树上移动极为缓慢。它们通过这样的伪装躲避天敌的袭击。

狐猴

沙漠里的夜行动物

在撒哈拉沙漠里生活着红狐狸的小兄弟——大耳狐。大耳狐和绝大多数沙漠动物一样，都是夜行生物，因为沙漠里的白天过于炎热。大耳狐的耳朵长达15厘米，比德国的狐狸大得多，耳朵上薄薄的皮肤可以帮助躯体散热，以应对沙漠里的干热气候。大耳狐白天躲在地洞里，夜间外出觅食。如果遇到危险，就立即在松软的沙地上打个洞钻进去。

探索小贴士！

有夜行动物房的动物园

法兰克福动物园建有欧洲最大的夜行动物房，里面生活着40多种夜行动物。斯图加特和柏林的动物园也有夜行动物房，可以在白天观察夜行动物。

柏林
柏林动物园
地址：Hardenbergplatz 8 in Berlin Mitte, 10787 Berlin
电话：+49 (0)30 / 25 40 1-0
网址：www.zoo-berlin.de

法兰克福
法兰克福动物园
地址：Bernhard-Grzimek-Allee 1, 60316 Frankfurt am Main
电话：+49 (0)69 / 212 337 35
网址：www.zoo-frankfurt.de

斯图加特
斯图加特威廉玛动物园
地址：Wilhelma 13, 70376 Stuttgart
电话：+49 (0)711 / 54 02-0
网址：www.wilhelma.de

什未林
什未林动物园
地址：Waldschulweg 1, 19061 Schwerin
电话：+49 (0)385-39551-0
网址：www.zoo-schwerin.de

来自澳洲的鹬鸵

你在许多动物园的夜行动物房里都可以看到鹬鸵——一种长相奇特的不会飞的鸟。它的羽毛非常纤细，看上去好像哺乳动物的皮毛。鹬鸵没有翅膀，所以不会飞。它依靠灵敏的嗅觉寻找猎物，用长嘴啄食泥土和落叶堆里的小生物。

你知道吗？

夜游动物园

以下这些动物园虽然没有夜行动物房，但可以在夜间前往参观：
· 克莱菲尔德动物园，www.zookrefeld.de
· 杜伊斯堡动物园，www.zoo-duisburg.de
· 萨尔布吕肯动物园，www.zoo.saarbruecken.de
· 多特蒙德动物园，www.zoo-dortmund.de
· 哈根贝克动物园，www.dschungelnaechte.de
· 伍珀塔尔动物园，www.zoo-wuppertal.de
· 维也纳美泉动物园，www.zoovienna.at
· 苏黎世动物园，www.zoo.ch

超声：指人耳听不到的高频率的声音。

赤道：一条假想的环绕地球的圆周线，与南北两极的距离相当，将地球分为南北两个半球。赤道是地理上的0度纬线，全长约40075千米。

冬眠：指一些哺乳动物以近似睡眠的状态过冬（体温降低，心律和呼吸几乎测不到）。德国的冬眠哺乳动物有蝙蝠、刺猬、肥睡鼠和榛睡鼠。

冬歇：指一些哺乳动物在冬季大量减少食物摄入，多数时间休眠，有时清醒的过冬状态。棕熊、貉、浣熊、松鼠、獾和海狸都属于冬歇的动物。

发情：指动物为寻找配偶而做出的某些特殊行为，如雄性马鹿用高声鸣叫来吸引雌性的注意。

发情期：指哺乳动物为繁衍后代而寻找交配对象的一段时期。

反刍：一些哺乳纲偶蹄目动物的消化器官具有多个囊腔，吞下的食物在胃中消化一段时间以后，可被返回口中重新咀嚼吞咽，从而使草料中的营养物质被充分吸收。牛、鹿、绵羊、山羊、长颈鹿等动物都属于反刍动物。

孵育期：鸟类产卵和孵化、养育雏鸟的一段时期。

腐尸：动物死掉后腐烂的尸体。

蝴蝶：一类色泽鲜艳的蝶类，通常白天活动。

黄昏／黎明：指晚上日落之后或早晨日出之前，即从白天到黑夜或从黑夜到白天的过渡时期。此时的明亮程度介乎白天与黑夜之间，这是由于太阳光在大气层中的散射造成的。

蝌蚪：青蛙、土蟾蜍、铃蟾等无尾目两栖动物的幼体，在水中生活。

两栖动物：指蝾螈、青蛙、蟾蜍等脊椎动物。它们都具有湿润的、遍布黏液腺的皮肤，在水中产卵。幼体用腮呼吸，在水中生长；发育为成体后用肺呼吸，在陆上生活。

领地：动物在某段时间内会建立一个自己专属的生活区域，禁止其他同类侵入，称为领地。某些动物常年占有领地，另一些（如鸣禽）只在孵育期时宣示领地。

黇鹿：中等大小的一种鹿。身上的白色斑点和雄鹿的铲状角是其主要特点。

蛴螬：金龟子的巨大蛆状幼虫。

食丸：猫头鹰等动物吐出的无法消化的球状食物残渣（包括羽毛、皮毛、骨头、牙齿等）。

兽群：某些哺乳动物结成的小群体，规模比牲畜群小。如狍在冬天结成的群体，或雌马鹿与幼鹿长年结成的群体。

睡鼠：一种啮齿类哺乳动物，包括肥睡鼠、园睡鼠、榛睡鼠等。

蛙卵：指两栖动物在水中产下的单个的或呈黏团状、条带状的卵，外面被一层透明的胶质膜覆盖。

无尾目：指青蛙和蟾蜍等无尾的两栖动物。与之相对的是有尾目两栖动物，如蝾螈等。

蜥蜴：一类爬行动物，周身覆盖角质鳞片，多数有爬行足，但在生物学上没有共同的祖先。德国最常见的蜥蜴是捷蜥和蛇蜥。生活在地中海沿岸的欧洲壁虎也是一种蜥蜴。

夜蛾：与白天活动的蝴蝶不同的一类色泽灰暗的蝶类，如桦尺蛾、猫头鹰蝶、枯叶蛾、天蚕蛾、带蛾、天蛾、尺蛾和斑蛾等。并非所有的蛾都是夜行动物，如斑蛾就是在白天活动的。

夜行动物房：动物园里一种可以观察夜行动物的设施。其内部白天暗如黑夜，晚间则灯火通明，如同白昼。

蛹：某些昆虫从幼虫发育为成虫的中间形式。蝴蝶、甲虫、苍蝇、蜜蜂、胡蜂等昆虫的幼虫在发育到某一阶段以后，会把自己裹在硬壳里，几天甚至几年不吃不动，在这段静止期（称为蛹期）中逐渐向成虫转变，最后化为成虫破蛹而出。

幼虫：昆虫和其他一些无脊椎动物的幼体，通常与成体外形差异较大。幼虫在生长过程中逐渐变大并与成虫的外形渐趋相似。

种：由相同的动物或植物组成的生物类群，个体相互之间可繁衍出健康的、有繁殖能力的后代。如红狐狸、狍、斑螈、长耳鸮、花园十字蛛等，都是种名。

昼伏夜出：指某些动物只在夜间外出活动，如獾、蝙蝠、猫头鹰等。

爪印：指鸟类或哺乳动物的脚爪留下的单个印痕。

图书在版编目（CIP）数据

发现夜行动物／（德）奥弗特林，（德）米勒编绘；荆妮译.
—北京：科学普及出版社，2014
（体验大自然）
ISBN 978-7-110-07279-0

Ⅰ.①发... Ⅱ.①奥...②米...③荆... Ⅲ.①动物-青少年读物
Ⅳ.①Q95-49

中国版本图书馆CIP数据核字（2010）第171647号

策划编辑　肖　叶
责任编辑　肖　叶　邓　文
封面设计　阳　光
责任校对　张林娜
责任印制　马宇晨
法律顾问　宋润君

科学普及出版社出版
北京市海淀区中关村南大街16号　邮政编码：100081
电话：010-62173865　传真：010-62179148
http://www.kjpbooks.com.cn
科学普及出版社发行部发行
北京盛通印刷股份有限公司印刷
*
开本：680毫米×870毫米 1/16 印张：6 字数：130千字
2014年2月第2版 2014年2月第1次印刷
ISBN 978-7-110-07279-0/Q·87
印数：1-5 000册　定价：19.80元

（凡购买本社图书，如有缺页、倒页、
脱页者，本社发行部负责调换）